Couverture inférieure manquante

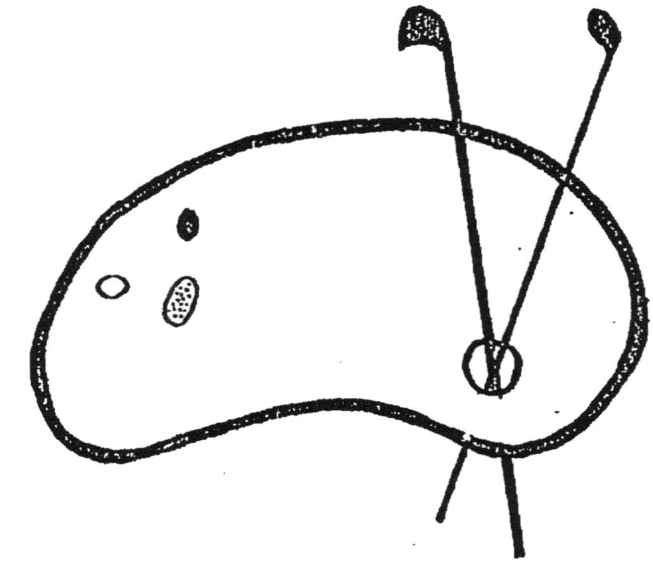

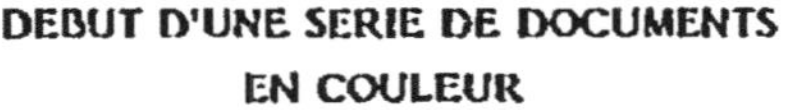

DEBUT D'UNE SERIE DE DOCUMENTS
EN COULEUR

GUIDE SPÉCIAL

DE LA VALLÉE

DE LUZ, St-SAUVEUR, BARÈGES, GAVARNIE, HÉAS

AVEC CARTE COMPLÈTE DE LA DITE VALLÉE

PAR

L. CHAMBERAUD

PRIX : 2 FRANCS

TARBES
IMPRIMERIE ÉMILE CROHARÉ
32, Place Maubourguet.

1996

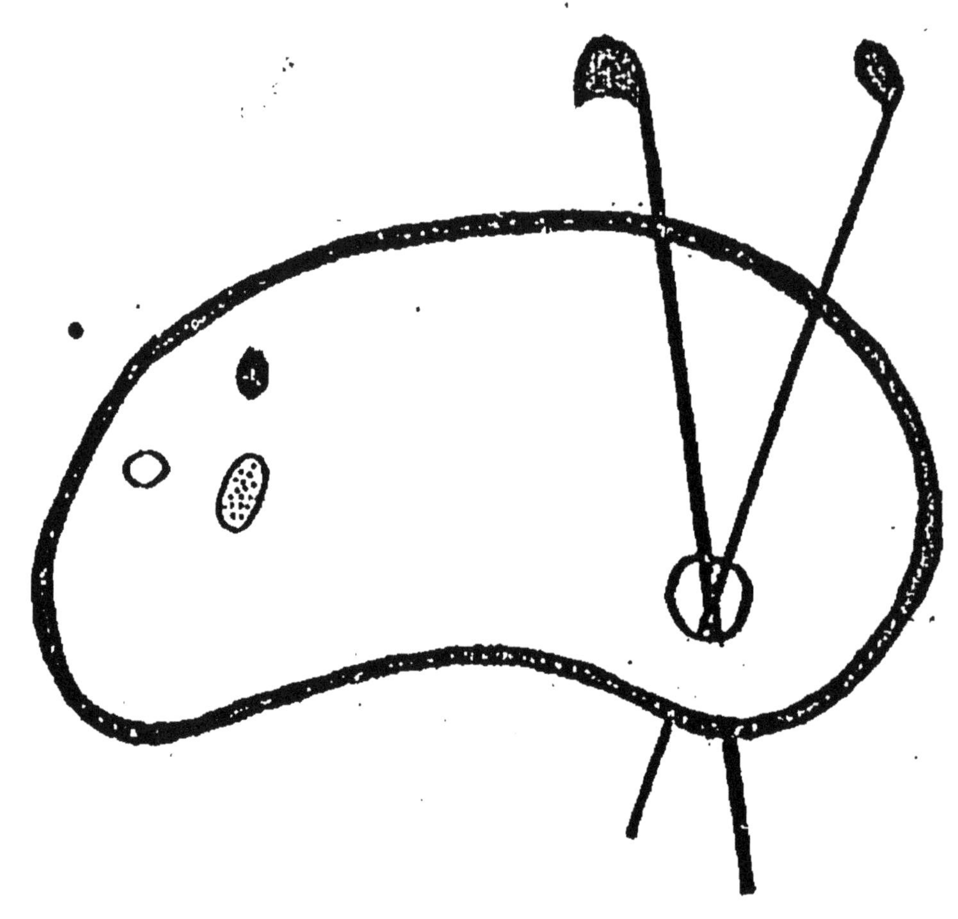

FIN D'UNE SERIE DE DOCUMENTS
EN COULEUR

GUIDE SPÉCIAL

DE LA VALLÉE DE

LUZ, SAINT-SAUVEUR, BARÈGES, GAVARNIE, HÉAS

AVEC CARTE COMPLÈTE DE LA DITE VALLÉE

PAR

L. CHAMBERAUD

PRIX : 2 FRANCS

TARBES
IMPRIMERIE ÉMILE CROHARÉ
32, Place Maubourguet.

1996

GUIDE SPÉCIAL

DE LA VALLÉE DE

LUZ, SAINT-SAUVEUR, BARÈGES, GAVARNIE, HÉAS

PRÉFACE

Le guide Spécial, comme l'indique son titre, donne sur la vallée de Luz les renseignements de la plus rigoureuse exactitude.

Depuis longtemps le besoin de cet ouvrage se faisait sentir. Il vient combler cette lacune.

Aux amateurs de grandes courses, nous indiquons les grandes excursions, les chasses, la flore, les gisements miniers, si riches dans notre vallée.

Aux baigneurs, aux personnes à qui les fatigues sont interdites, nous indiquons les promenades agréables, les curiosités locales, en un mot toutes les distractions compatibles avec les ménagements qu'exige un traitement thermal.

Nous tâcherons d'être brefs, tout en restant clairs, afin que nos indications soient facilement retenues par le lecteur.

Cet ouvrage est indispensable à quiconque doit séjourner plus ou moins de temps dans nos superbes montagnes.

Nous recommandons surtout aux géologues les gisements miniers où ils trouveront à satisfaire leurs goûts; aux malades, de se munir de lainages des Pyrénées, chauds, légers et gracieux, afin d'éviter les refroidissements que pourraient leur causer les changements brusques de température, assez communs dans nos contrées.

L. CHAMBERAUD.

Luz-Saint-Sauveur.

De Pierrefitte, station terminus du chemin de fer, à Luz, la route est une des plus belles que l'on puisse rêver.

Celle-ci, taillée dans le roc, côtoie la rive droite du Gave de Gavarnie jusqu'au Pont de la Reine Hortense.

Au-dessus de vous, des montagnes dont on aperçoit à peine les sommets, des rochers énormes surplombant sur la route, au-dessus de vos têtes; en bas le Gave bondissant et mugissant à 60 pieds de profondeur; le flanc des collines de la rive gauche tapissés de buis, de bruyères, de saxifrages et de verdure.

On est vraiment saisi d'admiration et de terreur quand, pour la première fois, on fait ce parcours, surtout quand on songe qu'on n'est séparé de l'abîme que par un simple parapet. Malgré cet aspect, il n'y a pas d'exemple qu'un seul accident se soit jamais produit.

A mi-chemin, au-dessous du village de Viscos, on passe sur la rive gauche par un pont élevé par la reine Hortense, qui le fit construire lors de son séjour dans nos montagnes.

Après vingt minutes de voiture, tout à coup, brusquement, la nature change d'aspect et on entre dans la plaine de Luz, par le pont de Pescadères. Là, changement à vue. Une plaine immense semée de peupliers d'Italie; le Gave la traverse; les montagnes de Gèdre et Gavarnie, entre autres le Coumélic, avec leurs sommets couverts de neige, émergent au loin. Puis on arrive à Luz entre une double haie de peupliers formant une admirable avenue. A droite du pont de Pescadères, une route, suivant la rive gauche, conduit à la station thermale de Saint-Sauveur. De Pierrefitte à Luz, 12 kilomètres.

La coquette ville de Luz (1,500 habitants) est le centre de toutes les excursions.

Elle est admirablement située, au pied des montagnes, garantie des vents par les pics qui l'entourent, et pourrait être choisie comme station hivernale. Les hivers y sont très doux, et rarement le thermomètre y descend au-dessous de —10°. Le Bastan, ou gave de Barèges, la traverse d'un côté, tandis qu'elle est séparée de Saint-Sauveur par le gave de Gavarnie et la Lys qui descend du Maucapéra. Les touristes s'y donnent rendez-vous au vaste hôtel de l'Univers, fort bien tenu par M. Payotte.

C'est à cet hôtel que descend l'omnibus de Pierrefitte et où viennent relayer tous les cochers. A voir dans la cour un ours immense, tout en pierres, appuyé sur un bâton, et fort bien imité.

La principale curiosité de Luz est sa superbe église des Templiers, du XVe siècle, avec son enceinte crênelée. Sur la voûte de la porte d'entrée on voit des peintures à fresques représentant les quatre évangélistes sous des formes apocalyptiques. Un musée des Templiers existe dans la tour carrée de l'église. Prochainement un musée minéralogique va y être installé.

A voir dans l'église la porte et le bénitier réservés aux Cagots, espèce de parias que l'on tenait à l'écart.

Cette église est classée parmi les monuments historiques. Tout autour, entre l'église et le mur d'enceinte, existait un cimetière que l'on vient de déblayer, ce qui permet d'en faire le tour. La grande porte d'entrée de la nef est sculptée dans tout son cintre.

Dans une chapelle adjacente on voit un superbe bénitier en marbre sculpté, une très ancienne statue de la Vierge, et la porte des Cagots.

Bains.

A Luz, un établissement thermal, dit Bains Barzun, où l'on traite les maladies cutanées, nerveuses, etc., ouvre ses portes du 1er juin au 1er octobre.

Beaucoup d'étrangers y séjournent l'été : on y trouve à louer à très bon compte des chambres meublées, tant dans les maisons particulières qu'à l'hôtel et au restaurant Poucy, près de la Poste ; Palasset, hôtel des Pyrénées, etc.

Un magasin de lainages des Pyrénées, tenu par Mme Chamberaud, près l'hôtel de l'Univers, fournit aux touristes toutes les hautes nouveautés de la saison ; elle possède une superbe collection minéralogique à bas prix, où peuvent choisir les géologues.

Un marché s'y tient tous les lundis. La vie y est à bon marché.

Près de Luz, à vingt minutes de chemin, on traverse le pont jeté sur le Bastan, qui sépare Luz d'Esquièze, et, au milieu de ce dernier village, on prend sur la droite un sentier qui conduit aux ruines du château Sainte-Marie. Les tours sont fort bien conservées. C'est de ce château, qui domine la vallée de Luz, que le célèbre Auger Couffitte, à la tête des Barégeois révoltés, et aidé par le comte de Clermont, chassa les Anglais qui s'étaient emparés de la vallée, et délivra le Lavedan.

On trouve autour du château, au-dessous,

dans les rochers, de superbes saxifrages dits : désespoir du peintre.

Sur la gauche, au hameau de Sère, existe une superbe église romane du XIe siècle, monument historique, avec ses trois nefs, ses piliers supportant la voûte et une grille superbe en fer forgé sur le devant du chœur. Des tombeaux existent dans l'intérieur de l'église, recouverts par des dalles en marbres du pays.

Très beaux gisements de marbre tout autour.

Nous conseillons aux touristes qui descendent du château de Sainte-Marie pour voir l'église romane de Serre, d'entrer en passant dans l'église d'Esquièze. En face la porte d'entrée, sur un autel, au-dessous d'un grand Christ, on voit un bas-relief en bois, malheureusement assez mal badigeonné, où sont sculptées des figures représentant les âmes du purgatoire au milieu des flammes. Presque toutes ces figures reflètent une souffrance atroce et lèvent les yeux, suppliantes, vers le ciel, demandant grâce. Ce panneau est vraiment admirable.

Nous allons prendre Luz comme centre des excursions.

Une des belles promenades, peu fatigante, est celle que l'on nomme : Le tour de la Vallée.

On part de Luz en suivant la route de Pierrefitte jusqu'au pont de Pescadères que l'on traverse ; puis, passant sur la rive gauche du Gave, on prend la belle route ombragée qui le côtoie. A un quart d'heure de là on arrive au village de Sassis. Tout le long de la route le botaniste trouve des valérianes, des renoncules, des princula verna, des parnassia palustris à fleurs blanches veinées de vert, des viola cornuta à fleurs de violettes et feuilles de pensées.

Sur la droite, à 200 mètres du pont, le minéralogiste rencontre des macles, des mousses pétrifiées.

Au milieu du village s'élève une église du XIVe siècle qui est à visiter. Elle possède des statues de saints taillées très grossièrement. Les boiseries au-dessus de l'autel sont fort belles. On continue à suivre la route ombragée, puis on arrive à Saint-Sauveur que l'on traverse. Après avoir passé le pont Napoléon, on redescend par la rive droite. Durée de la promenade : une heure et demie environ.

Solferino.

Une autre promenade très belle est celle de Solférino.

On passe derrière l'église de Luz, par le chemin qui conduit au cimetière de Saint-Pierre. Au-dessus, sur un monticule, est élevée une coquette chapelle en marbre du pays, de style gothique, don de l'impératrice Eugénie, qui la fit ériger en 1859, en mémoire de la bataille de Solférino, dont elle porte le nom. A côté est élevée une colonne en marbre en l'honneur d'un ermite du nom de R. P. de Lombez, dont les cendres reposent au-dessous. De là le point de vue est admirable. On embrasse d'un coup d'œil toute la vallée de Luz, la station thermale de Saint-Sauveur : on aperçoit les villages de Sazos, Grust, Viscos, Vizos, Esterre, Villenave, Viella, et la gorge de Barèges, puis tout l'énorme massif de l'Ardiden, du Bergonz, de Sardeille, et le pic de Viscos. Puis on redescend, par un très joli sentier, jusqu'en face du pont Napoléon, sur la grande route.

Maison de la Vieille.

A un quart d'heure de la chapelle s'élève la Maison de la Vieille, célèbre dans la vallée, à côté du hameau des Asteix. On y accède par deux côtés : en partant de Solférino et par un sentier partant du pont Napoléon.

Cette maison, d'où l'on jouit d'un joli coup d'œil, était la promenade favorite de l'impératrice Eugénie, lors de son séjour à Saint-Sauveur en 1859-60, avec Napoléon III. Elle est ainsi nommée à cause de la propriétaire, une centenaire : presque tous dans sa famille vivent à un âge fort avancé. La légende prétend que cette longévité provient de l'usage que font les personnes de cette famille de l'eau d'une fontaine située à côté de la maison. On y va pour y manger de fort bonnes crêpes de sarrasin.

Durée de la promenade : une heure.

Schistes, mica-schistes, quartz, talc-schiste, minerai de fer, granit, granit micacé.

Villenave. — Le Bergonz.

Si le touriste prend, en haut de la place de l'église, la dernière rue de Luz, il arrive en cinq minutes au village de Villenave, que traverse la Lyse, cours d'eau descendant des glaciers de Maucapéra. C'est une excursion que nous recommandons à tous les amateurs de la belle nature.

Au-dessus du village on trouve un pont en pierres et on prend un sentier qui conduit au pic de Bergonz. Après trois heures de marche on arrive au sommet de cet énorme massif. D'un côté le Maucapéra dresse son sommet escarpé, d'un autre s'étend le mont Budéraous, qui donne son nom à un ruisseau alimenté par la fonte des glaciers éternels.

Un riche gisement de manganèse s'étend dans toutes ces montagnes, et on en découvre à fleur de terre. Là, le sol est parsemé de cabanes et de granges, et d'innombrables troupeaux paissent l'herbe parfumée de ces montagnes. Le soleil y est ardent; munissez-vous d'un couvre-nuques. D'ailleurs il est peu prudent de s'y aventurer sans être accompagné d'un guide, car le voyageur peut y être surpris par le brouillard. Rien de plus commun que de voir des nuages au-dessous de soi, quand, au-dessus, le soleil darde ses rayons. On peut d'ailleurs y aller très bien à cheval.

Nous ne saurions trop recommander aux touristes qui adoptent ce mode de locomotion de ne pas tourmenter les bêtes de somme qui les portent. Laissez-les aller à leur guise sans tirer sur la bride; elles sont habituées à ces sentiers escarpés, ont le pied sûr, et s'en tirent fort bien.

Du sommet du Bergonz, la vue est admirable. On découvre à l'œil nu tout Saint-Sauveur à ses pieds et au loin les montagnes de Gavarnie, la Tour, la Brêche de Rolland, et cet autre géant : le Pyménée.

Le chasseur y rencontre la perdrix blanche des neiges ; le botaniste l'iris, le rhododendron, les saxifrages, etc.

Il y a des papillons de toute beauté.

Le minéralogiste peut y faire sa provision de minerai de fer, d'antimoine, de cristal de roche, de manganèse.

Il est prudent de partir avant le lever du soleil, pour en éviter l'ardeur, et d'emporter des provisions de bouche et du vin. Les bergers fourniront d'excellent lait.

Cette excursion, une des plus belles des environs, se fait en 6 ou 7 heures, sans grande fatigue et sans dangers.

Il existe aussi sur le Bergonz une carrière de fort beau marbre vert. — Les amateurs de pêche à la ligne trouvent dans le Gave et le Bastan d'innombrables truites délicieuses.

Saligos.

De Luz ou Saint-Sauveur on suit la route jusqu'au pont de Pescadères, puis on prend à droite le chemin qui, en un quart d'heure, conduit au village de Saligos. Là s'élève une église du XIIe siècle, semblable, par ses sculptures, à toutes celles de la vallée. On remarque sur la porte d'entrée, sculptées dans la pierre, les armes des Templiers, comme dans toutes les autres, représentant une ancre, dans un médaillon, avec les lettres A. S. P. U. que l'on peut traduire *Ave. Spes Unica.*

Près du village, en haut, sur la gauche, proche d'un ravin, qui l'hiver à la fonte des neiges devient torrent et d'où descend tous les ans une énorme avalanche, se trouve une fontaine ferrugineuse dont l'eau est avantageusement employée dans l'anémie. Elle contient du sous-carbonate de fer en abondance : ce dernier forme sur le sol un fort dépôt rougeâtre.

Cette promenade est très belle et peu fatigante : on peut la faire en une heure et demie.

La flore de ce côté est assez commune. En revanche, on y trouve beaucoup de minéraux. Si l'on monte sur la montagne au-dessus du village, entre les pics de Nère et Natte, on trouve un puits très profond d'où on a extrait du minerai de fer, dont on rencontre de fort beaux échantillons. Le minerai de cuivre, le carbonate de chaux cristallisé, le schiste avec pyrites, la manganèse y abondent. Sur les sommets, et avant d'arriver au village de Chèze, on rencontre de fort belles plaques de mica blanc lamelleux dont quelques-unes atteignent 40 centimètres.

Ce village de Chèze, le dernier de la vallée, est situé au-dessous la montagne de Natte et domine la route de Pierrefitte. Le chemin qui passe près de la fontaine ferrugineuse de Saligos, assez pénible, y conduit en une demi-heure. Sur les montagnes qui dominent ces deux villages, dans de petits taillis de hêtres, les perdrix rouge et grise y abondent. On y rencontre quelques lièvres. On peut revenir par le sentier qui descend au pont de la reine Hortense, et tombe sur la grande route.

Cette excursion peut se faire à cheval et à âne. Il est bon de prendre ses précautions contre le soleil très ardent de ce côté.

Sur tout le chemin on trouve de la saponnaire, du thym, du serpolet, du romarin, de l'ellébore, des anémones.

Vizos.

On traverse le village d'Esquièze ; puis, passant devant l'église que l'on laisse à gauche, on prend, aux dernières maisons du hameau, un sentier qui traverse les champs, au-dessus du village. A deux kilomètres environ on arrive sur une crête d'où le point de vue est splendide. De là, dominant le Gave, la vallée de Luz, on aperçoit les villages de Grust, Sazos, Saint-Sauveur; puis, dans le lointain, le Pyménée, les glaciers de Gavarnie dont la blancheur se détache sur le fond sombre des autres monts, puis le pont Napoléon. On a, en face de soi, le pic aigu de Viscos et le massif de l'Ardiden.

Le village est à dix minutes de là, et ne présente rien de saillant.

Au-dessus du village se trouve une fontaine dont l'eau contient du fer, de la manganèse et du bitume que la médecine pourrait utilement employer.

La minéralogie et la flore sont les mêmes qu'à Saligos.

En passant devant l'église, on peut descendre par un joli sentier ombragé qui conduit le promeneur au pont de Pescadères, ou, à son choix, au hameau de Serre.

Cette promenade est charmante et le point de vue est ravissant.

Elle se fait, sans se hâter, en deux heures. On peut la faire à âne ou à cheval, mais à condition de revenir par le même chemin, soit par Esquièze.

De Luz à Barèges.

De Luz, près l'hôtel de l'Univers, commence la route de Barèges, qui traverse une partie du beau quartier de la ville, en face la Poste. En haut de la ville, la route tourne brusquement à gauche; à cinq minutes se trouve le village d'Esterre où l'on arrive entre une double haie de peupliers bordant les prairies. Ce village ne présente rien de saillant, si ce n'est son église dans laquelle on aperçoit quelques belles sculptures en relief et un superbe autel en marbre blanc. On côtoie jusqu'à Barèges (7 kilomètres) la rive gauche du Bastan dont les eaux bondissantes et écumantes se précipitent irrésistibles, faisant jaillir des milliers de gouttelettes qui miroitent au soleil.

Elles produisent un bruit assourdissant, car la rampe est fort raide. Parfois, au moment de la fonte des neiges, elles entraînent d'énormes rochers dont le lit du torrent est rempli. Le Bastan prend sa source au-dessous du Pic du Midi et au lac d'Escoubous.

A dix minutes d'Esterre, sur la droite, s'élève

le village de Viella. Le sentier qui y conduit part de la route, un peu au-dessus d'une croix, sur la droite.

Sur la rive droite du Bastan., à gauche de la route, on voit le petit village de Viey où l'on accède par un pont en pierres. Près de ce village existe un ravin qui, à la fonte des neiges, forme une superbe cascade.

On y trouve du schiste, du marbre noir, des granits micacés et du mica jaune très beau.

La route de Barèges est très ombragée, à droite et à gauche, de jolies prairies sont semées de mille fleurs. A gauche, une rangée de petits moulins jettent çà et là une note pittoresque.

Tout le long de la route le botaniste trouve des scabieuses rouges et bleues très grandes, des pavots jaunes dans les endroits ombragés, des quantités de crucifères tels que le cochléaria, etc., des renoncules diverses, la primula verna, la viola cornuta. Puis, à peu près à mi-chemin, on arrive à Betpouey, village situé au-dessus de la route, très jolie promenade de Barèges.

Près de cette route se trouve un moulin et une ferme. Les piétons peuvent prendre à gauche de cette ferme le sentier de traverse qui n'est que l'ancienne route, tandis que les voitures doivent suivre la grande route formant plusieurs lacets très prononcés, pour adoucir la pente. Il semble, quand on est arrivé au dernier, que plusieurs routes déroulent leurs anneaux au-dessous de vous.

Après quelques instants, on arrive aux ponts de Sers, tous deux en fonte, jetés sur le torrent. On quitte la rive gauche pour passer sur la droite, au premier pont, au-dessous de la route qui conduit au village de ce nom, à une demi-heure de là, pour passer, après cinq minutes, sur la gauche que l'on ne quitte plus jusqu'à Barèges, sur le second pont en fonte. Au-dessus la route forme de nouveaux lacets que l'on n'a pu éviter à cause des nombreux éboulements, entraînés par les torrents, qui s'y produisent. Puis on rencontre quelques maisons, appelées Pontis, où les chevaux soufflent un moment. De là on découvre les premières maisons de Barèges.

Sur la gauche de la route s'élève l'établissement thermal de Barzun. Cet établissement est très fréquenté par les dames et les personnes à tempérament nerveux. Ses eaux sont souveraines contre toutes les affections cutanées. Une prise les conduit à Luz, par des tuyaux en grès, dans une tranchée de plus d'un mètre de profondeur, où elles ne perdent rien de leur valeur thérapeutique.

Barèges et ses environs.

En quelques minutes l'on arrive à Barèges. Cette charmante station forme une seule rue bordée de superbes maisons, hôtels et magasins en marbres du pays. Les trottoirs même sont de même matière. Au milieu s'élève le superbe établissement thermal, tout en marbre gris, ainsi que ses baignoires. Il est ouvert du 15 mai au 30 octobre. Un bureau télégraphique et postal est ouvert pendant la durée de la saison thermale.

En face l'établissement se dresse le superbe hôpital militaire, contenant 400 lits, avec pavillon spécial pour les officiers, construit en 1859-60 par l'empereur Napoléon III.

Barèges est situé à 1,232 mètres d'altitude. Cette station est fort ancienne, et date de 1550. Il n'y avait alors qu'une seule piscine d'ouverte. Mais ce qui fit surtout connaître ces eaux merveilleuses, ce fut le séjour qu'y fit Mme de Maintenon, en compagnie du jeune duc du Maine. Depuis cette époque son succès ne fit que s'accroître, et les innombrables guérisons qui y furent obtenues lui valurent la réputation universelle dont elle jouit si justement. Les eaux sont sulfurées sodiques. On y traite principalement les anciennes blessures de guerre, les affections rhumatismales, cutanées, et aussi, avec un grand succès, les affections syphilitiques.

Au-dessus de l'établissement thermal, près de la promenade horizontale, s'élève l'hospice Sainte-Eugénie. On y reçoit principalement des indigents soignés aux frais des communes. Cet hospice est dirigé par des religieuses. Une jolie chapelle existe dans ce bâtiment.

Outre une piscine, l'établissement thermal possède une douzaine de sources qui sont : Entrée, Bain-Neuf, Tambour, Pollard, Dassieu, Gency, Chapelle, Soud, Ramond, Louvois, Saint-Roch, Bordeu.

La source fournit environ 200,000 litres en 24 heures. La température varie de 34° à 44°. Cette eau, très onctueuse, d'une odeur sulfhydrique, contient un principe spécial appelé Barègine. Un cabinet d'hydrothérapie est adjoint à l'établissement thermal.

Trois médecins civils y donnent leurs consultations. Ce sont les docteurs Bétous, Grimaud, Boyer.

Pharmacien : Paul Claverie, successeur de Barzun.

L'hôpital militaire est dirigé par un officier d'administration comptable, un médecin principal, plusieurs médecins majors et aides-majors, et des officiers d'administration. Le service y est fait par des infirmiers militaires.

Le climat de Barèges est très bon ; on y respire à pleins poumons un air pur et vif qui redonne vite des forces aux tempéraments faibles et anémiques. L'hiver y est très rigoureux ; il n'est pas rare de voir les habitations ensevelies sous les neiges. Les avalanches s'y précipitent, entraînant d'énormes masses de neige et de rocs et, obstruant le lit du Bastan, le font dévier et se précipiter dans les rues qu'il ravine profondément. Le génie militaire, pour préserver l'hôpital, fit opérer sur le Midaou des travaux gigantesques. Ce sont des murs de six à sept mètres d'épaisseur, placés de distance en distance dans le ravin, et formant godets. L'avalanche en tombant se brise dans ces trous, les emplit et y laissant une grande partie de sa masse, arrive inoffensive au lit du torrent.

Barèges possède plusieurs hôtels, de nombreuses maisons particulières à louer, où l'on peut faire soi-même sa cuisine, et très confortables, à des prix très abordables. On y trouve toutes les provisions nécessaires.

Un casino, sous la direction de M. Fugairon, offre aux baigneurs des distractions de toutes sortes : salles de jeux, de billard ; salle de théâtre où l'on joue l'opérette plusieurs fois par semaine. Un orchestre y donne des concerts dans la journée.

De nombreux loueurs de voitures, des ânières, offrent leurs véhicules et leurs montures à bon prix.

Sur la droite, au-dessus des maisons, une magnifique promenade donne son ombre aux promeneurs.

Sur les flancs de l'Ayré, une magnifique forêt de hêtres et de mélèzes, appelée promenade horizontale ou allée verte, est coupée de splendides allées très bien entretenues. Ces lacets conduisent jusque dans la jolie vallée de Lienz. Des bancs y sont disposés de distance en distance. Cette superbe promenade est très accessible à tout le monde : ses ombrages sont incomparables. Elle est parsemée de mille fleurs, d'anémones, de scabieuses, de pavots jaunes, de fougères de toutes sortes, de saxifrages, d'uva ursi, etc. Des centaines d'oiseaux y gazouillent joyeusement, et d'innombrables écureuils y sautent de branche en branche en gymnastes exercés. Les bouvreuils y sont nombreux et nichent dans les buis et les broussailles.

Excursions des environs de Barèges.

La première et la plus belle est, sans contredit, celle du Pic du Midi de Bigorre. Elle se fait en trois heures et demie, à pied ou à cheval. Suivant la route du Tourmalet, à deux kilomètres de Barèges, on traverse une passerelle en bois, sur le Bastan, puis on suit un sentier tracé sur le flanc des montagnes, sur la rive droite du Gave, au-dessus de prairies où croissent en foule l'iris, l'aconit, la gentiana verna, la gentiana acaulis, dont le bleu d'azur se reflète sur l'herbe verte. En une heure et demie on arrive aux cabanes de Toue, où logent des pasteurs, et où est érigée une colonne à la mémoire du duc de Nemours. On peut aller en voiture jusqu'au col de Tourmalet et arriver à pied aux cabanes. De là, après avoir dépassé un massif rocher où l'on trouve de superbes saxifrages à panaches, on arrive au lac d'Oucet, 2,375 mètres d'altitude. Au-dessus du lac le sentier est très escarpé et le surplombe à une grande hauteur;

puis on arrive à l'hôtellerie, à côté de laquelle était installé l'ancien observatoire. Un sentier venant de Bagnères y aboutit. On peut se restaurer à l'hôtellerie, où l'on trouve de quoi satisfaire son appétit. Puis, par des lacets successifs, on arrive au Pic du Midi, à la maison du directeur de l'Observatoire. Cette dernière, édifiée par les soins du général de Nansouty, qui, pendant plusieurs hivers, y a séjourné, est construite en pierres, et les murs sont d'une épaisseur à toute épreuve pour pouvoir supporter l'immense amoncellement de neige qui la recouvre l'hiver. Pendant cette saison les observateurs y sont ensevelis sous les neiges et à cette altitude (2,870 mètres) les froids sont terribles. Ce travail a été terminé en 1881 et il a fallu des efforts considérables pour cette construction, dont chaque pierre a dû être portée à dos de mulet. L'Etat s'en est rendu acquéreur. Un peu plus haut est installé l'Observatoire proprement dit, avec ses instruments astronomiques, ses paratonnerres, etc.

Du sommet la vue est admirable. Quand le temps est clair on découvre toute la plaine de l'Adour et toute la chaîne pyrénéenne. On aperçoit Tarbes, Bagnères-de-Bigorre, le phare de Biarritz, la Maladetta, le Néouvielle, le massif de l'Ardiden, les glaciers de Gavarnie et le bassin de Luz. Le coup d'œil est unique. Beaucoup de personnes voulant assister au lever du soleil couchent à l'hôtellerie et en partent vers deux heures du matin pour faire l'ascension du Pic. Il faut avoir soin d'être très couvert. Là, le pic est taillé d'aplomb et le vertige est à craindre : quand le soleil se lève, on aperçoit à ses pieds mille rayons lumineux qui vous éblouissent; puis, le globe monte, monte toujours, formant un immense bloc de feu qui paraît surgir à vos pieds. L'horizon semble embrasé. C'est un spectacle merveilleux qui récompense bien des fatigues que l'on s'impose.

Au-dessus du lac d'Oucet, près d'Aouda, existe un gisement considérable de plomb argentifère très riche.

Sur le flanc du Pic du Midi croissent en abondance les anemonæ vernalis, l'androsace villosa (rare).

Excursion très recommandée.

Les guides prennent ordinairement 5 francs pour cette course : le prix d'un cheval est le même.

Ne pas oublier le pourboire.

Si on ne veut pas assister au lever du soleil, il est bon de partir de bon matin et de choisir un jour sans nuages; au cas contraire, il est suffisant de partir à 4 heures de l'après-midi, en été, pour arriver à l'hôtellerie à l'heure du dîner.

Le prix des places du dortoir est de 2 à 3 fr.

Sur la montagne, à gauche du lac d'Oucet, on trouve de fort beaux échantillons de mica blancs ou gypse terreux.

Col du Tourmalet.

On côtoie la rive gauche du Bastan pendant une heure; puis on arrive à un pont jeté sur le torrent qui descend du lac d'Escoubous, appelé pont du Tourmalet, au-dessous de la forêt de Barèges. De là, la route, dont la rampe est très forte, est taillée sur le flanc de la montagne; on arrive en trois quarts d'heure au col, d'où l'on domine la plaine de l'Adour (2,120 mètres d'altitude). C'est la route qui conduit en quatre heures et demie de Barèges à Bagnères-de-Bigorre; elle est très belle et carrossable. On peut descendre sur le versant de l'Adour jusqu'à l'auberge de Gripp.

Escoubous. Lac.

Cette course peut se faire à cheval ou à âne. On suit la route du Tourmalet jusqu'au pont de ce nom; puis on prend la rive droite du torrent. On y trouve, tout près, des cabanes de bergers. Après avoir traversé Aigues-Cluses où se jette le torrent d'Escoubous, on arrive, par un sentier en lacets, près du lac. Ce lac est très long, près de 490 mètres sur 250 de largeur. Il est excessivement poissonneux : c'est lui qui fournit aux tables d'hôte de Barèges les excellentes truites qu'on y savoure. Il est loué à des pêcheurs de la vallée qui y jettent leurs filets. On trouve sur le bord du lac de superbes coquillages transparents. Le rhododendron étale ses pétales rouges. Si, en redescendant, on revient par la rive gauche du torrent, on trouve, au-dessous de la Piquette, un éboulement de pierres : dans ces débris on rencontre souvent de superbes morceaux de cristal de roche d'une limpidité parfaite, entraînés du sommet par la fonte des neiges et l'effritement des roches. Tout près, au Pic Rouye, on trouve du carbonate de fer, du spath et de l'amianthe.

Cette promenade est très belle.

Vallée de Lienz et la Piquette.

On y accède par deux chemins : en passant derrière l'hospice Sainte-Eugénie, suivant les sentiers de la promenade horizontale, le bois de mélèzes et l'on tombe dans la vallée. On peut y arriver aussi en montant par le ravin, sur la route du Tourmalet, au moulin qui est à un kilomètre de Barèges, en suivant le torrent où la truite abonde. Cette petite vallée est superbe. Partout, entre les pierres, des rhododendrons, des saxifrages rouges, des violettes cornues, de l'arnica, etc. En haut se dresse le pic aigu de Lienz ou Piquette. Il est assez difficile d'y monter à cause de l'herbe desséchée qui tapisse ses flancs et produit des glissements. Il faut se munir d'un pic solide ou bâton ferré. Ce mont renferme les plus beaux échantillons minéralogiques des environs : de magnifiques fragments de spath ou feld-spath, de cristal de roche, de fer, d'amianthe, de granit micacé, etc. On prétend qu'un énorme bloc de cristal se trouve au sommet du pic; beaucoup de guides et de minéralogistes, suspendus par des cordes, ont tenté de le détacher sans succès, car le roc forme saillie et le bloc est au-dessous. Ce qui ferait croire à son existence, c'est que tous les ans, après la fonte des neiges, on en trouve de fort beaux morceaux entraînés par les eaux. C'est le rendez-vous de tous les minéralogistes. On peut revenir par la route du Tourmalet, en descendant, au-dessus de la forêt de Barèges, au pont de ce nom.

Le pic de Capet et le Midaou.

En bas Barèges, on traverse un pont près du tir et on arrive à la promenade dite des Artigalas. Ce flanc de montagne est très bien reboisé.

On suit les lacets et on arrive dans le ravin où le génie militaire a fait construire de gigantesques travaux pour préserver l'hôpital militaire contre les avalanches. Du sommet du pic on a une superbe vue sur le pic d'Ayrè, l'Ardiden et l'on découvre les glaciers de Gavarnie.

On y trouve des quantités de gentianes. Le mica jaune y abonde, ainsi que le cristal de roche.

Pic d'Ayrè.

On suit la forêt de Barèges et, arrivé à l'allée verte, on traverse le Rioulet, puis l'on débouche sur un plateau garni de pâturages. Le sentier est très accessible à cheval ou à âne. On y trouve de la busserole, de l'uva ursi, des gentianes, l'arnica, etc. Le schiste et le granit y abondent.

On a de là une vue superbe et l'on aperçoit les glaciers du Néouvielle.

Cette promenade est très fréquentée, car on la fait en grande partie sous bois. Le chasseur y rencontre l'isard et la perdrix. L'altitude du pic est 2,400 mètres; l'excursion se fait en trois heures et demie environ.

Pic de St-Justin.

Après être descendu aux bains Barzun, on traverse le Bastan, et, près des maisons, on prend un sentier sur la rive droite, sur le flanc d'une montagne dénudée. En une heure on arrive à St-Justin où existe une ferme où l'on trouve d'excellent lait. C'est un ancien ermitage habité jadis par saint Justin qui lui donna son nom.

On y jouit d'une vue superbe sur le bassin de Luz, les montagnes de Saint-Sauveur, le Bergonz, l'Ardiden. On aperçoit les montagnes qui entourent Barèges. Promenade très accessible et très fréquentée.

Héritage à Colas.

On traverse la promenade horizontale et le ravin du Rioulet; puis, prenant le sentier sous bois, on arrive à la ferme en peu de temps. On y trouve du lait très frais et à bon compte. Cette promenade est très ombragée et peu fatigante. Elle se fait en une heure, aller et retour. On peut redescendre, à pic, pour tomber à la hauteur des bains Barzun.

Belles scabieuses roses et violettes; orchis dans les prairies, entre autres l'orchis aranifera et l'orchis apifera.

Sers.

On descend sur la route de Luz jusqu'aux deux ponts en fonte jetés sur le Bastan. On traverse le premier, puis, à la hauteur du second, on prend, sur la droite, un sentier très large. A droite, le pic St-Justin; au-dessous, à une grande profondeur, le Bastan. A l'entrée du sentier, au-dessus du torrent, on extrait des ardoises dans lesquelles on trouve des pyrites de fer. A côté, on rencontre des schistes cloisonnés formant mosaïques. Au bout de quelques instants, on débouche dans la vallée de Sers, très jolie, plantée de peupliers, et on arrive à l'église en haut du village. Cette dernière est très ancienne; dans le cimetière, des tombes plates, en schiste, couvrent la terre; on y lit des inscriptions assez originales.

Le botaniste peut y faire une ample moisson.

Une heure et demie environ.

Betpouey.

On suit la route de Luz jusqu'à mi-chemin à peu près. Arrivé à la jonction de l'ancienne et de la vieille route, près d'une ferme isolée où existe un verger, on monte une côte très raide, mais accessible aux voitures, puis on arrive au village, très ancien, et qui ne présente rien de particulier, si ce n'est sa vieille église. Betpouey est le chef-lieu de la commune dont dépend Barèges. On parle de faire cesser cette anomalie. A Barèges, un adjoint spécial délégué par le gouvernement fait fonction de maire pendant la saison. C'est M. P. Claverie, pharmacien.

Le Néouvielle.

Cette excursion, une des plus pénibles des environs de Barèges, demande de six à sept heures pour la faire. Nous nous contentons de l'indiquer aux lecteurs ; car il est absolument nécessaire de la faire avec un guide : en effet, on peut être surpris par le brouillard ou une tourmente, et il est plus qu'imprudent de la tenter seul. On passe par le lac d'Escoubous, près du lac Blanc et par le col d'Aure. Au Néouvielle règnent des neiges éternelles ; de là on découvre toute la chaîne de Gavarnie, le pic Long, les montagnes de Saint-Sauveur, le Mont-Perdu, le Piméné.

Il faut une journée pour la faire.

Promenade horizontale.

Cette splendide allée, fort bien entretenue au-dessus des maisons et des bains de Barèges, est, le soir, le rendez-vous du Tout-Barèges. Les malades qui ne peuvent faire de longues courses y trouvent des distractions par le va-et-vient des promeneurs. Des bancs y sont disposés de chaque côté, sous des platanes. On peut passer par l'hospice civil et redescendre par le bas Barèges, dont on remonte la rue toujours fort animée.

On y donne des fêtes tous les ans qui sont toujours fort bien réussies et attirent tous les baigneurs de Saint-Sauveur.

En résumé, Barèges offre aux nombreux baigneurs et touristes qui le visitent tout le confortable nécessaire, je dirai même le luxe, par son splendide établissement thermal, ses beaux hôtels, son casino, ses maisons particulières à louer pour familles, ses magasins où l'on trouve tout le nécessaire et même le superflu. Les petites voitures à une ou deux places, les mylords, les landaus, les chaises à porteurs, les nombreux chevaux, ânes et mulets à louer, offrent aux personnes qui ne peuvent marcher tout le confort nécessaire et à bon compte. Plusieurs cafés sont ouverts toute la saison et n'ont rien à envier, par leur installation, au luxe des grandes villes.

Les plus petites et les plus grosses bourses trouvent à satisfaire leurs goûts.

Les guides sont des hommes sûrs, probes et dévoués et portent le livret du Club Alpin.

Nous publions, à la fin de l'ouvrage, les prix pour excursions, pour locations de chevaux et de voitures.

Le service de police y est fait par un détachement de gendarmes pendant la saison thermole et le service de la place par des officiers hospitalisés. M. l'adjoint spécial délégué est chargé de tout le service de la police locale.

Lac Bleu.

Excursion très recommandée, au-dessus du lac d'Oucet, près du pic du Midi. Très accessible. Un guide est nécessaire.

Saint-Sauveur (770 mètres d'altitude).

La station de Saint-Sauveur est située à un kilomètre de Luz, sur la rive gauche du Gave.

Elle est bâtie dans le roc, sur les contreforts de l'Ardiden. C'est la perle des Pyrénées, tant par sa coquetterie que par la clientèle aristocratique qui la fréquente.

Elle est bâtie sur une seule rue, à partir du pont du Gave jusqu'au pont Napoléon. A droite et à gauche de splendides villas offrent aux baigneurs des chambres ou des appartements fort propres, ainsi que des maisons particulières, à des prix très modérés. Il y a quatre grands hôtels : l'hôtel des Princes, l'hôtel des Bains, tous deux réunis sous la direction de M. C. Pintat. Vue superbe sur le goufre de Saint-Sauveur, le Bergonz et la vallée de Luz. Très belles chambres à des prix très abordables. Restaurant.

Puis vient l'hôtel de France, avec la villa Beau-Site, tenus par M. Henri Barrio; en face le Parc, jolie terrasse couverte avec vue sur le Parc et le Bergonz, casino à côté, dépendance de l'hôtel, prix très abordables. Restaurant au dessus du Parc.

Ensuite, près de la Chapelle, l'hôtel de Paris, tenu par C. Sacissou, en haut du Parc.

Quatre docteurs y séjournent pendant la saison. Les docteurs Sabail, Herr, Caulet et Druène.

Librairie, pâtisserie, loueurs de voitures et chevaux, guides.

Un bureau postal et télégraphique est ouvert du 1er juin au 1er octobre.

L'établissement thermal est ouvert du 15 mai au 15 octobre.

Etablissement thermal.

L'établissement thermal se trouve au milieu du bourg. Il est construit tout en marbre : ses baignoires, au nombre de 26, sont aussi en marbre ; il existe plusieurs cabinets de douches, en jets, circulaires, ascendantes, etc. Un cabinet d'hydrothérapie y est adjoint. De l'établissement on a une vue superbe sur le Gave.

Salon, buvette thermale. Eaux sulfurées sodiques de 26 à 34°.

Le climat de Saint-Sauveur est très doux : le village, bâti dans le roc, étant abrité contre les vents par les monts qui l'entourent.

Les eaux de Saint-Sauveur sont essentiellement sédatives et produisent de véritables miracles de guérisons dans les maladies nerveuses, la neurasthénie, les névralgies. Mais où elles sont hors de pair, c'est surtout dans les affections de la matrice : catarrhes, inflammations, métrites, ovarites, etc. Dans tous les accidents postérieurs aux couches elles sont incomparables. On les emploie avec succès contre la stérilité. Elles sont onctueuses au toucher, à cause de la Barégine qu'elles contiennent, et si l'on reste dans la baignoire pendant quelques instants sans faire de mouvements, de nombreux globules se déposent sur le corps et s'en échappent en pétillant ; telle l'eau gazeuse, quand on remue.

L'établissement possède des chaises à porteurs pour les personnes fatiguées qui ne peuvent aller aux bains, ou en revenir à pied, pour une raison quelconque.

L'eau minérale émerge dans l'établissement même, ce qui fait qu'elle ne perd aucune de ses propriétés, étant directement conduite aux baignoires à quelques mètres de leur prise.

Elles sont la propriété de la vallée de Luz, comme celles de Barèges, et affermées à une compagnie.

Une très élégante chapelle toute en marbre, de style gothique, surmontée d'une flèche très déliée, est élevée en haut du bourg. Elle a été construite en 1860, sur les ordres de l'empereur Napoléon III qui en fit don à la vallée. Elle est desservie, pendant la saison d'été, par le premier vicaire de Luz, qui séjourne à Saint-Sauveur. Deux colonnes en marbre sont élevées, l'une à l'entrée de Saint-Sauveur, sur le Goufre, l'autre dans le Parc, à la mémoire des duchesses de Berry et d'Angoulême, en souvenir de leurs séjours ici.

Promenades.

LE PARC, LE PONT DE GONTAUD

En face l'hôtel de France, on descend dans le Parc, véritable dôme de verdure, puis, par des lacets, on arrive en deux minutes sur la rive gauche du Gave. Site ombragé, sur le bord de l'eau. Au bout des lacets, un pont métallique, refait cette année, appelé pont de Gontaud, en l'honneur de cette famille, qui l'avait fait primitivement élever à ses frais, réunit les deux rives. A droite, près d'un rocher sur le bord du torrent, se présente un goufre très profond. Les pêcheurs y trouvent de la truite en abondance. Un sentier, partant de la rive droite, conduit en quelques minutes sur la route. On peut revenir soit en descendant sur la route de Luz par le pont du Gave, soit en remontant vers la route de Gavarnie, par le pont Napoléon.

Dans les prairies qui avoisinent le pont de Gontaud, on trouve de superbes ramondias et des scolopendres. L'anémone pulsatile, le saxifrage némorosa, les valérianes, l'angélique y abondent.

Promenade d'une demi-heure.

PONT NAPOLÉON

Cette merveille de l'art est située en haut de Saint-Sauveur et relie la rive gauche à la rive droite du Gave.

Le pont, construit en 1859-60, est dû à l'empereur Napoléon. Les deux bases de la voûte reposent sur le roc. Il mesure 67 mètres de longueur, sur une hauteur de 65 mètres. Il est d'une seule arche et tout en marbre. Il a coûté un travail énorme qui suffit à illustrer la vie d'un ingénieur. Pour bien se rendre compte de l'immense travail qu'il a fallu déployer, il faut entrer dans l'intérieur même du pont, du côté de la route de Gavarnie, et voir les deux galeries qui y existent. Il est bon de se munir d'une lumière. De ce côté même, au pied même de l'arche, une saillie du roc, préservée par un garde-fou, permet au visiteur de contempler l'immense voûte qui s'étend au-dessus de lui. Du côté de Saint-Sauveur, un joli sentier tracé au travers d'un beau parc, conduit par des lacets au bas du Pont, sur le bord du Gave. Sur la droite, près d'une source qui jaillit du roc, des bancs sont disposés sous la montagne qui forme grotte. De ce point on distingue à peine les personnes qui passent sur le pont.

Dans les rochers poussent de superbes saxifraga rotondifolia, nommés dans le pays consoles. Du côté de Gavarnie, la gorge est très resserrée et sauvage ; le Gave y bouillonne et y renferme d'abondantes truites. En bas, vers Luz, vue superbe sur le bassin de cette ville.

Sur le côté de la route de Gavarnie est élevée une belle colonne en marbre, surmontée d'un aigle immense aux ailes déployées, du même marbre. Hommage à Napoléon III par la vallée de Luz.

Promenade des plus agréables, sans fatigue. Des bancs y sont disposés de distance en distance.

Près du pont, à gauche en descendant à Saint-Sauveur, le rocher contient de superbe schiste cloisonné formant mosaïque. Il est facile d'en détacher des échantillons avec un ciseau à froid. Papillons de toute beauté : apollons, morios, pieris, atropos, nacrés, etc. C'est à Saint-Sauveur que l'on trouve les plus beaux.

HONTALADE

A 250 mètres de Saint-Sauveur. Etablissement thermal, buvette. En face les thermes de Saint-Sauveur, on prend la rue à gauche, que l'on suit jusqu'au lavoir. De là, par des sentiers à travers une prairie, on arrive à l'établissement. Plusieurs baignoires, salon au-dessus des bains, d'où l'on aperçoit, avec une longue-vue, le pic du Midi, les monts de Barèges, le Bergonz, Sardeilles, Nèrè, et tout le bassin de Luz. Vue superbe. Promenades très ombragées. Ferme où l'on vend du lait.

La buvette est installée à son point d'émergement, sous une grotte admirable où l'on peut pénétrer. Cette eau, dont presque tous les baigneurs font usage en boisson, est employée pour les maladies d'estomac, les gastralgies, les diarrhées rebelles, les affections de la gorge et du larynx.

On peut redescendre par le bas de Saint-Sauveur. Pour cela, après être revenu vers le lavoir, on prend à gauche l'allée de tilleuls, d'où l'on a une vue superbe sur tout Saint-Sauveur et le goufre du Gave; puis, par un joli chemin, on descend vers les dernières maisons du bourg, sur la route de Sazos.

Très belle flore dans les prairies. Rendez-vous des papillons.

CAMPUS

Belle promenade peu fatigante. Par deux côtés on peut y accéder. Par Hontalade, près du lavoir, on laisse la ferme à droite et, par un sentier rocailleux, entre deux haies de noisetiers, on arrive en vingt minutes à un petit bois, en haut d'une prairie. On la traverse et, près d'une grange, s'élève un autre taillis. En haut de ce dernier, près d'un petit sentier, se trouve une grotte où l'on rencontre des stalactites et des stalagmites. Se munir d'une lumière. On redescend par derrière la grange pour venir aboutir entre l'hôtel de Paris et l'hôtel de France.

On peut aussi prendre en face le chalet Bon-Accueil, près le pont Napoléon, un joli sentier, sous des pins, qui conduit sur un plateau, à une assez grande hauteur, au-dessus du pont. On a alors en face de soi le bois où se trouve la grotte.

MAISON DE LA VIEILLE. Voir Luz.

SASSIS. Voir Luz.

Sazos. Grust. Col de Riou.

En bas de Saint-Sauveur, en face la villa Nivères, on prend une belle route carrossable qui conduit directement à Sazos en trois quarts d'heure. De cette route on jouit d'une vue superbe. Le bassin de Luz tout entier se déroule à vos pieds, où serpentent la Lys, le Bastan et le Gave. On découvre les villages de Chèze, Vizos, Saligos, Esquièze-Serre, Villenave, Luz, Viella, Viey, Sers et les gorges de Barèges ; en face se détache nettement le château Sainte-Marie. Tout le long de la route on trouve cinq à six genres de granit, des mica-schistes ; puis, avant d'arriver au village, près d'un pont jeté sur un torrent, dans un rocher escarpé, on rencontre de magnifiques échantillons de quartz et de chlorite. A voir, dans le village, l'église très ancienne, entourée du cimetière. En face le jardin de la cure, on prend le chemin, assez rude, pendant quelques centaines de mètres, qui conduit à Grust, à environ vingt minutes de Sazos. Vue superbe.

Sur le bord du chemin on trouve des parnassia palustris, des viola cornuta, du romarin, de la sauge, du mille-pertuis, des anémones.

L'église seule du village offre quelque intérêt à visiter.

COL DE RIOU

Au-dessus du village de Grust, on prend le sentier jusque vers le pic de Viscos que l'on laisse à droite. De là, par un chemin où l'on peut aller à cheval, on arrive en une heure et demie au col de Riou. Au-dessous est ouverte une hôtellerie pendant la saison. De Saint-Sauveur au col de Riou, environ trois heures. On peut descendre par l'autre versant à Cauterets, et revenir par l'omnibus à Pierrefitte et à Luz. Descente du col à Cauterets : une heure et demie.

Pic de Viscos.

Si, partant de Grust, en allant vers le col de Riou, on prend le sentier à droite, on arrive bientôt au pied du pic. Les arêtes sont assez glissantes, à cause de l'herbe désséchée qui y pousse. On peut l'aborder des deux côtés. On a de là une vue superbe.

Près du pic, entre lui et Grust, existe une fontaine ferrugineuse, dite de Conques. Elle est très chargée en sous-carbonate de fer, et contient de l'acide carbonique libre, ce qui l'empêche de précipiter.

On en fait grand usage à Saint-Sauveur pour les personnes anémiées.

L'Ardiden.

C'est l'énorme masse au pied duquel est bâti Saint-Sauveur. On peut l'aborder, soit par l'Agnaouede, au-dessus de Hontalade, soit par Sazos. Cette montagne est complètement granitique. Au-dessus de la première crête s'étend une vaste plaine et se trouvent les lacs de Lahazère, de Lagnés, de Pène. Plus loin, le lac Grand. On y découvre les crêtes crênelées et dénudées de la montagne l'Ase. La flore y est très belle ; la principale plante est l'eryophorum capitatum, puis les aconits, les gentianes, etc.

Les échantillons de roches granitiques sont fort beaux. Pour cette course, il est bon d'être accompagné d'un guide. Elle se fait, aller et retour, en huit heures.

Si l'on monte par Hontalade, le chemin est plus praticable et moins raide. Il est préférable d'y aller de ce côté et de redescendre par Sazos, par le ravin de Bernazaou, où le torrent de ce nom renferme d'excellentes truites.

Avoir soin de se munir de provisions, car les cabanes de bergers sont assez mal approvisionnées.

Le chasseur y rencontre de nombreux isards. Le coq de bruyère élit son domicile dans les sapinières, au-dessus de Hontalade, à l'Aguaouéde, et aux sapinières de Scia.

Les autres promenades de Saint-Sauveur sont celles indiquées au chapitre : Luz.

De Saint-Sauveur à Gèdre.

Après avoir traversé le pont Napoléon, on rejoint la route nationale de Luz à Gavarnie. A 500 mètres on arrive au Pas de l'Echelle, ainsi nommé à cause des escaliers taillés dans le roc, qu'il fallait franchir avant que la route ne fût faite. Il y avait là jadis une sorte de tour nommée Tour des Miquelets. Elle commandait l'entrée du bassin de Luz. Près de là se trouvent les précipices les plus effroyables; le Gave y roule avec de sourds grondements. A 3 kilomètres l'on rencontre le hameau de Scia. Au-dessus une superbe forêt de pins garnit les flancs d'une montagne; un pont en marbre permet de passer de la rive droite sur la gauche. Deux autres ponts, au-dessous d'une cascade, sont hors d'usage. A environ deux cents mètres, un rocher se trouve au milieu du torrent qui, vu du côté de la route de Gavarnie, à une certaine distance, donne par ses formes une vague idée de la figure de Napoléon III. Le nez surtout, formé d'une saillie du roc, ressort fort bien dessiné. Après quelques contours on passe de la rive gauche sur la droite que l'on ne quitte plus, par le pont d'Esdouroucats, et l'on débouche dans la vallée de Pragnères. (Macles noirs superbes). Au-dessus du village, à gauche, une montagne s'élève, formant cône. On dirait une citadelle. La route côtoie le Gave, laisse à droite, de l'autre côté de ce dernier, le village de Trimbareilles, et, après avoir fait un coude très prononcé, débouche à Gèdre. Avant d'arriver à ce village, on aperçoit très bien les glaciers de Gavarnie, le Marboré, la Brèche de Rolland et le Pyménée.

La route traverse le village dans toute sa longueur.

Poste des douaniers. Bureau de la douane.

Grotte curieuse derrière l'hôtel de ce nom.

Jonction du Gave de Héas et du Gave de Pau.

Héas. — Le Chaos. — Troumouze (cirque).

C'est pour nous la plus belle excursion de la vallée. Elle peut se faire en un jour, en partant de Luz ou St-Sauveur, le matin de bonne heure ; mais il est préférable de la faire en partant vers 3 heures de l'après-midi : on arrive vers 7 heures à Héas où l'on couche, et, le lendemain on va au cirque de Troumouze pour rentrer le soir, sans fatigue, au point de départ ; on n'a pas, d'ailleurs, le temps de s'y ennuyer.

Le sentier n'est pas carrossable, mais on peut y aller à cheval où à âne, sans aucun danger.

On peut le prendre près de la route de Gavarnie, au troisième lacet, où se trouve un poteau indicateur.

Les piétons gagnent une bonne demi-heure

en traversant les prairies, par le sentier qui est après le pont de Gèdre, et qu'ils se font indiquer. Il conduit directement sur le chemin de Héas.

A une demi-heure de marche se trouve le Chaos. Rien ne saurait décrire la désolation de ce lieu, bien plus grandiose que celui de Gavarnie. D'immenses amoncellements d'énormes blocs de granit, provenant de l'effondrement d'une montagne, forment ce chaos. Des blocs d'une hauteur surprenante s'entassent les uns sur les autres et menacent d'écraser le touriste. A droite et à gauche, partout la ruine, la désolation. En bas, le Gave bondissant fait jaillir des myriades de gouttelettes ruisselantes au soleil. Là, pas un chant d'oiseau, pas un bruit, si ce n'est le grondement du torrent. C'est bien là le chaos, la nature morte par excellence. On frémit en pensant à sa petitesse au milieu de ce spectacle grandiose que la main de l'homme n'a jamais travaillé. On passe par le sentier à travers ces énormes blocs qui ont l'air de vouloir vous écraser. On y trouve de superbes granits micacés. Sur les bords du chemin, dans les pierres, poussent de magnifiques aconits napels.

On côtoie la rive gauche du torrent jusqu'au pont de la Gardette et l'on passe sur la rive droite. En une heure et demie on arrive à un éboulement appelé la Raillère, énorme amas de rochers provenant de la chute du sommet d'une montagne. Sur la plus grosse pierre s'élève une magnifique statue de la Vierge, en fonte, de grandeur naturelle, et dont les traits du visage et la perfection des formes en font une œuvre d'art admirable. C'est un but de processions fort suivi par les habitants de la vallée.

Derrière ces blocs existe une mine de plomb argentifère, autrefois exploitée. De tous côtés, dans les rochers, fleurissent des chardons bénits, des saxifrages, des chardons bleus et jaunes, baromètres naturels des montagnards, ouverts au beau-temps, fermés quand le temps est à la pluie. A droite, de l'autre côté du Gave, peuplé d'excellentes truites, s'offrent les flancs du Coumélie. — Bientôt on débouche dans la vallée de Héas. Cette vallée occupe l'emplacement d'un ancien lac qui, en 1650, rompant ses digues, inonda la vallée de Luz. De là on aperçoit les quelques maisons du hameau, la chapelle, l'hôtellerie, le cirque de Troumouze et son glacier, la Mûnia, l'Aguila, etc.

En 20 minutes on y arrive. Héas 1,540 mètres d'altitude. Centre des excursions pour Troumouze, Tuquerouye, le Mont-Perdu, le Pic-

Long, le Coumélie, l'Aguila, Bielsa (Espagne). Héas tire son nom du nom latin *fœnum* (foin) et se prononçait, d'après d'anciens actes notariés, Fénaas. Le mot patois Hè, qui veut dire foin, l'explique de même. Tous les ans, de mai en octobre, des milliers de moutons et de bêtes à cornes paissent dans ces montagnes, sous la garde de pasteurs et de superbes chiens des Pyrénées. Aussi, les Montagnards qui, de tout temps, ont gardé leur foi vive, ont-ils eu l'idée d'y construire une chapelle. L'ancienne, construite vers 1500, entraînée par les eaux, a disparu. Il y existe actuellement une superbe église en forme de Croix grecque, avec un dôme central du plus bel effet.

L'intérieur est très coquet, avec son maître-autel, sa nef et ses deux chapelles latérales. Une cloche y a été installée il y a 3 ans pour appeler les bergers aux offices, et baptisée par son Eminence le Cardinal Lécot, archevêque de Bordeaux, qui, tous les ans, vient y faire une cure d'air et s'y reposer. C'est un don du baron B. de Lassus.

La chapelle est desservie par les Pères de la Grotte de Lourdes qui y séjournent toute la saison. Une statue miraculeuse de la Vierge est offerte à la vénération des fidèles : elle est fort ancienne. Deux fois par an, au 15 août et le 22 septembre, un grand nombre de fidèles partant de la vallée de St-Savin, et de tous les villages de la vallée de Luz, y viennent en pèlerinage. La plupart couchent sur des chaises, dans la chapelle. Rien de plus pittoresque et de plus beau que le spectacle de cette multitude, affrontant les fatigues d'un voyage à pied, de fort loin, et d'une nuit sans sommeil, pour venir affirmer leur foi. A côté s'élève la maison des Pères desservants. Au-dessous se trouve l'hôtellerie, composée d'une vaste cuisine, d'une salle à manger et de nombreuses chambres. On est étonné de trouver dans le dernier hameau de France, sur l'extrême frontière, un tel confortable et un semblable monument. Le dimanche, les pasteurs descendent des montagnes pour assister aux offices, et, vivant de pain et de lait toute la semaine, vont à l'hôtellerie, l'office terminé, se refaire quelques instants de leur jeûne. C'est alors qu'il faut entendre ces voix mâles et sonores chanter les belles chansons patoises du poëte Bigourdan d'Espourrins !

Tous en chœur chantent des cantiques à l'Eglise, et font retentir de leurs voix les échos sonores de la vallée. Puis, le soir, au coin de l'âtre, les chasseurs narrent leurs exploits. Car c'est bien là le pays de prédilection de l'isard.

L'hôtellerie renferme tout le confort nécessaire et nous avons été surpris de la modicité des prix (4 fr. le dîner et 2 fr. la chambre) quand on songe que toutes les provisions sont portées de Luz à dos de mulet.

Ce qui nous a étonné, c'est d'y trouver une cave aussi choisie. On nous a servi de succulent Médoc du crû Camensac, propriété de M. de Tournadre (St-Laurent-St-Julien).

C'est surtout par un beau clair de lune que Héas est beau à voir! Placez-vous, le soir, devant la chapelle. Derrière vous, la Mûnia et l'Aguila; à gauche, l'énorme massif du cirque de Troumouze et son glacier rayonnant; à droite, le Coumélie; en bas, le Gave qui murmure; au-dessus, la voûte céleste et la traînée lumineuse de la voie lactée; des milliers d'étoiles scintillant de mille feux; le ciel, qui paraît plus près de vous, ressemble à une énorme calotte dont les bords reposeraient sur les sommets environnants; puis les mille tintements des clochettes des troupeaux, et les senteurs enivrantes des plantes aromatiques. C'est bien là un lieu délicieux, sans pareil, où tout parle à l'âme et à l'imagination. Aussi ne saurions-nous trop engager tous les amis de la belle nature à visiter ce lieu privilégié, et nous disons sans crainte de démenti que : qui n'a pas vu Héas, surtout par une belle nuit, ne connaît pas les Pyrénées, et ne peut avoir qu'une bien petite idée de la sublimité des montagnes.

Troumouze.

Passant devant la chapelle, on prend un sentier à gauche sur le flanc de la Mûnia, qui conduit en une heure au pied du cirque. Là se rencontrent deux blocs, monolithes isolés, d'égale hauteur, appelés les deux sœurs. On dirait deux sentinelles placées là pour en défendre l'abord. On arrive sur un plateau où paissent d'innombrables troupeaux, et où l'on boit d'excellent lait moyennant une rétribution préférée des bergers, de tabac ou d'eau-de-vie, jouissances dont ils sont trop souvent privés.

La base du cirque est en marbre. Il forme un hémicycle d'une étendue prodigieuse où plusieurs milliers d'hommes pourraient facilement évoluer. Son accès est très facile et sans danger. Le glacier forme un avancement assez prononcé, qui semble vouloir s'écrouler. Son épaisseur est considérable. L'aigle, le vautour, la buse, l'isard y ont élu leurs domiciles. Le Gave de Héas y prend sa source. Du sommet du cirque on découvre fort bien la vallée et le village de Bielsa (Espagne) avec son hospice. Le port très resserré et très rocailleux se trouve à cet endroit. Cette ascension se fait en trois heures, aller et retour.

Croix de Malte.

Si, partant de la chapelle, on traverse un petit pont en bois, on monte devant soi par des sentiers en lacets. On arrive, à droite, sur un plateau d'où la vue sur toute l'étendue est superbe. Sur ce plateau où se trouvent en abondance l'edelveiss, la reine des montagnes, le rhododendron, la gentiane (4 espèces), on rencontre à fleur de terre un rocher schisteux. Il se détache en petits fragments, comme l'ardoise, en plaques; en l'examinant avec attention, on y découvre certains points blancs qui ressemblent exactement à la figure d'une croix de Malte. Un lac ayant existé là, nul doute que dans le bouleversement, certains zoophytes qui y vivaient aient été incrustés dans cette matière schisteuse et y aient laissé leur empreinte. Au bas du cirque on trouve de superbe marbre blanc immaculé, des cristaux de roches surtout ayant une teinte rouge.

Trois quarts d'heure, aller et retour.

De Héas à Gavarnie par le Coumélic.

On redescend vers la Raillère, puis, auprès des cabanes qui bordent le Gave, on traverse ce dernier pour prendre un sentier très dessiné qui contourne le Coumélic. En se faisant donner les indications nécessaires par l'hôtelier, M. Victor Paget, on peut faire cette course sans guide, car on trouve des pasteurs sur son chemin. Cette promenade peu fatigante est fort belle. Arrivé à la hauteur de Gèdre, on aperçoit d'ailleurs le cirque de Gavarnie, où l'on descend par un sentier en lacets.

Sans se hâter, environ deux heures.

La Mûnia, l'Agulla.

Sur les indications du maître d'hôtel, ces montagnes, qui sont en vue d'Héas, peuvent être facilement abordées; la course n'est pas dangereuse, mais la vue est admirable. On y trouve dans les ravins de beaux fragments de cristal de roche blanc, rouge, noir.

Bielsa.

Sur l'autre versant du cirque de Troumouse.

Se faire accompagner d'un guide ou d'un pasteur, car les Espagnols de la frontière sont toujours en rapports d'affaires avec les gens de la vallée de Luz. Chapelle-hospice, monument curieux à visiter. Statue miraculeuse de la Vierge que les pasteurs d'Héas avaient tenté d'enlever, mais que les Espagnols reprirent pendant le sommeil de ces derniers.

Pic Long, Campbiel, Tuquerouy, Mont-Perdu, Vignemale, Vallée d'Estaubé, Port de Pinède, la Vallée d'Aure.

Toutes ces excursions ont comme point central de départ le hameau d'Héas.

Mais, comme aucune ne peut se faire sans guides, et que nous ne pouvons, dans cet ouvrage, entrer dans tous les détails qu'elles nécessitent et que leur compagnon de route indiquera aux touristes, nous nous bornons à les énumérer.

On trouve d'excellents guides à l'hôtellerie

d'Héas. L'hôtelier lui-même est un excellent chasseur et se met à la disposition des touristes.

Nous ajouterons qu'il est inutile de se munir de provisions pour Héas, car on y trouve, dans ce coin isolé, tout le confort nécessaire.

De plus, les Pères qui desservent la chapelle sont très hospitaliers, et le soir, en leur aimable compagnie, le temps passe vite et agréablement.

D'immenses forêts existaient jadis en ces lieux; elles ont, paraît-il, été incendiées, pour détruire les loups et les ours, autrefois fort nombreux dans ces parages, disent les uns; pour se défendre d'une surprise du côté des Espagnols, affirment les autres. Toujours est-il que la tradition en reste nette, et que tout prouve leur existence antérieure.

Gavarnie (1,350 mètres d'altitude).

Ce village, qui est le but de tout voyage dans les Pyrénées, et où accourent tous les ans des milliers de visiteurs, est universellement connu par son admirable cirque et sa cascade. En deçà de l'Espagne, sur la frontière de l'Aragon, il possède environ 300 habitants, tous guides, porteurs, hôteliers, loueurs de chevaux, ânes et mulets. Bureau de poste et télégraphe. Pendant l'hiver les habitants sont sous les neiges : celles-ci atteignent quelquefois la hauteur d'un premier étage. C'est au printemps surtout, à la fonte des neiges, que la cascade est la plus forte. De Gèdre, la route passant au-dessus de l'église forme plusieurs lacets que le piéton peut abréger par des coursières. A mi-chemin on rencontre le chaos, immense amoncellement de rochers provenant de la chute d'une partie du Coumélie. A droite et à gauche d'énormes blocs de rochers provenant de l'écroulement d'une montagne, amas de roches granitiques. Fort beau cependant, il n'est pas aussi grandiose que celui de Gèdre à Héas. Au-dessus on découvre une partie du cirque, du Tallion et la jolie vallée d'Ossoue, puis le Pain de Sucre, le Vignemale. A l'entrée du village on traverse un pont en marbre qui conduit de la rive droite sur la rive gauche et on arrive au Hameau.

De Luz-Saint-Sauveur à Gavarnie, 19 kilomètres.

Le village possède une belle église des Templiers, dans laquelle on voit plusieurs crânes de ces derniers dans une vitrine. Cet ordre possédait plusieurs fiefs dans la vallée de Luz, entre autres, à Luz même, une propriété appelée La Caserie.

La Cascade.

On peut y aller à cheval ou à âne. On traverse le pont, puis, sur la gauche on prend le sentier muletier. Elle est à 2,330 mètres d'altitude. Sa source gît au sommet des glaciers du Marboré. Elle tombe d'une hauteur prodigieuse, se brise vers le milieu pour rejaillir et se précipiter de nouveau, sans obstacles, d'une hauteur de 130 mètres. Auprès de sa chute un bruit assourdissant; à ce point le froid est très vif par l'évaporation des millions de gouttelettes qui jaillissent, miroitant au soleil. C'est une véritable pluie de gouttelettes infinitésimales. Avant d'y arriver, sur la gauche, on traverse un pont de neige au-dessous duquel coulent les eaux qui s'y sont frayé un passage.

Dans les prairies s'étend un vaste tapis d'iris, d'aconits, de gentianes, d'édelveiss.

Un grand nombre de touristes et pèlerins, emportant leurs provisions, vont faire un déjeuner sur l'herbe, près de la cascade ou au point de vue.

Le Cirque.

Une heure aller et retour. On traverse le pont du Gave pour passer sur la rive gauche;

de là, près de la prairie de Saint-Jean, on a une vue superbe. Ce cirque grandiose forme un immense hémicycle, avec ses gradins superposés, qui paraissent faits par la main de l'homme. Les banquettes sont recouvertes de neige, ce qui fait ressortir les parois noires et glissantes. Cette admirable œuvre de la nature est unique au monde : elle est d'un grandiose inimaginable. Au-dessus s'élèvent le Marboré, le Casque, le Cylindre et la fameuse Brèche de Rolland, entaille immense nettement découpée entre deux rocs, pratiquée, dit la légende, par un seul coup de la fameuse Durandal, épée du preux chevalier. Là gisent d'immenses glaciers, d'une épaisseur prodigieuse, que la prévoyante nature y a placés, sources d'eau inépuisables.

Mais la plus belle vue du cirque et de la cascade se trouve sur le chemin d'Espagne, sur la droite au-dessus du village. De là, sur un plateau verdoyant, on embrasse d'un coup d'œil tout l'ensemble de l'immense cirque ; là se précipite en une immense nappe blanche la fameuse cascade. Puis on distingue bien mieux les monts environnants.

Près de Gavarnie existe un gisement de baryte autrefois exploité.

Courses et Ascensions.

On trouve à Gavarnie des guides très expérimentés et sûrs. Comme pour toutes ces courses il faut être accompagné, nous nous bornerons à les indiquer aux touristes. Nous les renvoyons, pour les prix, aux tarifs du Club Alpin, à la fin de l'ouvrage.

Le Piméné.

Beau point de vue : aller et retour environ 4 h. 1/2. Altitude 2,803 mètres.

Brèche de Rolland.

Course sans péril. Aller et retour 7 heures. Altitude 2,804 mètres. Un abri y a été installé par le comte Russell, du Club Alpin. Glaciers.

Le Tallion.

Environ 10 heures aller et retour. Refuge. Altitude 3,146 mètres. Au-dessus des ravins ou crevasses d'une profondeur prodigieuse, on traverse des ponts de neige durcie. Fossiles calcaires très nombreux.

Le Marboré.

Une des plus belles ascensions. Durée 11 heures aller et retour. Altitude 3,253 mètres. Vue superbe sur l'Espagne et la France. Une des plus fréquentées. Glaciers éternels.

L'Astazou.

Aller et retour 7 heures. Altitude 3,000 mètres. Il est indispensable, pour accéder au sommet, de se tailler des escaliers dans la glace. Fort belle ascension, assez facile.

Le Mont Perdu.

Ascension des plus belles et des plus pénibles ; s'adjoindre un guide et un porteur expérimentés. Deux jours aller et retour. Refuge pour se mettre à l'abri des tourmentes de neige très fréquentes. Altitude 3,352 mètres, cabane de Gaulis. Vue admirable sur toute la province de l'Aragon. Fossiles. Ranunculus parnassifolius (très rare).

Le Gabietou.

Un des plus curieux pics des Pyrénées. En effet d'immenses et énormes aiguilles de glaces, stalactites et stalagmites transparentes, recouvrent ce sommet. C'est un vaste palais de cristal aux ondoyants reflets, affectant les formes les plus curieuses, clochers gothiques, flèches élancées, tours, donjons, châteaux, toute l'architecture y déploie naturellement ses merveilles. C'est une véritable féerie, surtout si le touriste a la chance d'y aller par un beau jour de soleil.

Ne pas s'y aventurer sans guide.

Les autres ascensions principales de Gavarnie sont les suivantes :

Vallée d'Ossoue ; le Vignemale, le Géant des Pyrénées; le Pic Mourgat; le Coumélie; Tuquerouye; la vallée d'Estaubé; Troumouze par le Coumélie; Lac glacé du Mont Perdu; le Pic Long.

Le port de Gavarnie, Arrassas, Boucharro-Torlat (Espagne).

Une magnifique promenade, que l'on peut faire à cheval, est celle de Torla, par le port de Gavarnie et Boucharo (Espagne), premier hameau de l'Aragon, poste frontière des douanes espagnoles. Si l'on fait cette course à cheval, il faut déclarer sa monture au bureau de la douane, à Torla, dont le receveur remet un récépissé, moyennant un droit de 1 fr. 50 ou 2 fr., faute de quoi procès-verbal est dressé et la monture peut être saisie.

Partant de Gavarnie, on passe au-dessus de l'église, aux dernières maisons du village, et, à droite, on prend un sentier en lacets qui conduit au plateau du point de vue du cirque et de la cascade, sus-indiqué. Là, le sentier s'élargit et l'on côtoie des montagnes ; à droite et à gauche, un petit torrent.

En deux heures on arrive au sommet du port, 2,282 mètres d'altitude. Un rocher isolé sur un plateau forme la borne frontière. Ce passage est fort dangereux l'hiver à cause des tourbillons de neige, et d'imprudents voyageurs ont payé de leur vie d'avoir voulu le traverser pendant cette époque.

On descend à pic un sentier glissant, et, côtoyant à gauche une montagne dénudée, sans végétation, on aboutit en trois heures à Boucharo par un petit taillis. A l'entrée du hameau on traverse un pont en pierres et on arrive au poste des douaniers espagnols. Là, une maison, caserne et auberge, offre son hospitalité rudimentaire aux voyageurs. Une petite chapelle existe à côté, bien nue et bien isolée. Cette hôtellerie-caserne appartient à Vicente, marchand de vins, très connu dans la vallée de Luz.

Puis on suit la rive droite de l'Ara par un étroit sentier au-dessus de sauvages sites, au-dessous d'une énorme montagne couverte de pins. Cet endroit est d'un grandiose effrayant. On rencontre la Cascade de l'Echelle, puis, traversant le torrent, on débouche près de la vallée d'Arassas. C'est là le rendez-vous des chasseurs d'isards et de bouquetins sauvages très communs dans ces parages. Après avoir traversé le pont du Navarrais on arrive à Torla.

Cette petite ville, aux rues caillouteuses et montantes, étroites et assez malpropres, a tout le style oriental. Elle possède une superbe église magnifiquement ornée.

En septembre, le jour de la fête de Notre-Dame d'El Pilar, de nombreux touristes de la vallée de Luz s'y rendent. La procession, précédée de la bannière de la patronne de l'Aragon, est fort curieuse. De nombreux musiciens, guittaristes et mandolinistes, font vibrer leurs instruments et accompagnent les chants. Une confrérie de jeunes gens, les Mozos, la précède. Ces jeunes gens, accoutrés de châles aux couleurs voyantes, de chapeaux enrubannés ornés de petits miroirs, frappent en cadence, par quatre, sur de petites baguettes, en chantant et dansant.

Puis, après le repas, sur la place publique, ils jouent en plein air une sorte de mystère, devant l'image de la vierge d'El Pilar placée sur une table entre deux chandelles. Pendant ce temps, si des étrangers sont présents, quelques-uns se détachent et, porteurs de poulets attachés avec des rubans, viennent les leur offrir. Il faut alors y aller d'une pièce de 5 fr., voire même de 10 fr.

Le soir, tout le monde se réunit chez le marquis de Viü, descendant des nobles d'Aragon. Chez lui, où deux de ses fils parlent admirablement le français, on reçoit une hospitalité toute écossaise. L'immense salle conserve encore des traces de peintures à fresques fort anciennes. Au son de la guitare et de la mandoline on passe la nuit à danser la danse nationale fameuse : la Rota. Le curé lui-même ne dédaigne pas ce passe-temps.

Puis on s'endort aux sons si doux de la mandoline.

De Torla on peut descendre jusqu'au bourg de Broto.

Cette excursion est une des plus belles que l'on puisse faire, endeux jours, aller et retour.

Le Français y est fort bien accueilli, surtout s'il est accompagné d'un guide ou d'un habitant de la vallée de Luz avec laquelle les Espagnols de la frontière sont en relation de commerce et d'amitié.

Course très recommandée et très pittoresque.

Petit Guide minéralogique de la vallée de Luz.

Cristal de roche. — La Piquette (Barèges), les hauts sommets, la Mûnia, Troumouze (Héas), et en général toutes les montagnes.

Spath. — Piquette ou pic d'Ereslits.

Amianthe. — Petits ravins de la vallée de Lienz.

Mica blanc. — Lac d'Oncet, et au-dessus du village de Chèze.

Mica jaune. — Sers, ses environs.

Mica noir. — Chemin de Héas, environs du Chaos.

Schiste cloisonné. — Murailles près du pont Napoléon (Saint-Sauveur), environs de Barèges.

Quartz et chlorite. — Sazos, près du pont, sur le ravin.

Croix de Malte. — Héas (seul endroit).

Grenats à gros grains. — Rochers de la Raillère (Héas).

Serpentine. — Entre Pragnères et Trimbareilles.

Plomb argentifère. — Héas, Aouda, près du lac Bleu, Pic du Midi.

Manganèse. — Le Bergonz, près du Budéraous.

Fers et pyrites. — Vizos, Saligos, Pic de Nèrè.

Stalactites. — Campus, au-dessus de Saint-Sauveur.

Macles. — Pragnères.

Cousérinite. — Gèdre-Dessus, Saoussa.

Fossiles calcaires. — Vignemale, Mont-Perdu, vallée de Pragnères.

Carbonate de fer. — Pic Rouye, près du lac d'Escoubous.

Mercure d'Espagne. — Vallée d'Héas, ruisseaux desséchés au-dessus de Barèges.

Talc schiste. — Route du Tourmalet, Villenave.

Mica schiste. — Rochers de Solférino.

Marbres. — Saint-Sauveur, Barèges, Esquièze-Serre, Héas.

Tourmaline. — Vallée de Lienz.

Baryte. — Environs de Gavarnie.

On trouve sur les bords du Gave de superbes cailloux roulés et polis par les eaux, marbres, schistes ou granits qui, légèrement vernis pour en faire ressortir les veinages, forment de jolis presse-papiers. Ils affectent différentes formes : rondes, plates, ovales. Ce coin des Pyrénées est un des plus riches en gisements minéralogiques. M. Chamberaud, à Luz, possède une collection de plus de 300 échantillons et en fournit aux amateurs à tous les prix.

Flore.

La flore y est magnifique. Comme plantes rares on y rencontre : l'androsace villosa, l'eryophorum capitatum, la ramondia pyrénaïca, la viola cornuta, la parnassia palustris, une grande variété d'anémones, divers saxifrages, entre autres le désespoir du peintre, puis le saxifraga longifolia qui pousse au-dessus des précipices, dans les anfractuosités des rochers. Puis les gentianes : la gentiana verna, acaulis, lutea, etc. Ensuite viennent les orchidées, entre autres l'orchis aranifera, apifera, etc. ; puis les iris, les aconits, de nombreuses variétés de renoncules, les lycopodes, les fougères, l'osmonde royale, la scolopendre; sur les bords des chemins l'euphorbe, l'ellebore noir et blanc; toutes sortes de plantes officinales : la sauge, le thym, le romarin, la saponaire, la réglisse, les menthes, la mélisse, la mauve, entre autres la mauve musquée; les solanées, le stramonium, la morelle, la jusquiane, etc., etc.

Une plante très belle, abondante sur le chemin de Barèges, est le pavot jaune; le pavot blanc que l'on trouve du côté de Tuquerouye, puis la reine des fleurs des glaciers et des neiges : l'edelveiss.

Faune.

L'ours a presque disparu de nos montagnes. Cependant tous les ans on en signale quelques-uns sur l'Ardiden, entre Luz et Cauterets, puis dans la vallée d'Aure où ils semblent s'être réfugiés.

L'isard habite les hauts sommets, le Néouvielle, le Campbiel, le Pic Long, la Mùnia, les sommets d'Héas et les montagnes de Pragnères et de l'Ardiden.

Le lièvre s'est réfugié du côté de Visos, Chèze et Sardeilles.

La perdrix se rencontre un peu partout. La

plus belle est la perdrix blanche des neiges. Elle affectionne le Campbiel et les glaciers où l'hiver son plumage immaculé se confond avec la neige.

Elle change quatre fois de couleur, selon les saisons.

La caille et le rale abondent dans la plaine de Luz.

Le coq de bruyère élit domicile dans les forêts de pins de Barèges, de Saint-Sauveur et de Scia.

Pour le chasser il faut aller se poster à l'affût le soir et attendre le lever du jour, lorsqu'il pousse ses premiers cris. On en rencontre aussi à Gèdre, Gavarnie, Héas.

Pour cette chasse, comme pour celle de l'isard, il est indispensable d'être conduit par un guide qui connaît leurs domiciles de prédilection. Il faut un bon jarret et beaucoup de prudence pour les approcher.

La grive, la pie de mars, la palombe sont nombreuses.

Partout on rencontre des écureuils, surtout à Hontalade et sur le chemin de Sazos, près de Saint-Sauveur, ou à Barèges, dans l'allée verte.

Historique de la vallée de Luz.

La vallée de Luz est, sans contredit, la plus fréquentée de France. Outre les nombreux touristes qui viennent visiter nos belles montagnes, la grande majorité des pèlerins de Lourdes, profitant des tarifs à prix réduits, ne manquent pas de visiter Gavarnie, Luz, Saint-Sauveur et Barèges.

Jadis elle jouissait de privilèges considérables dont il reste encore des vestiges. Erigée en République, s'administrant elle-même, moyennant quelques légères redevances, elle était libre de ses allures jusqu'en 1789.

Successivement occupée par les Goths, les Visigoths, les Sarrazins et les Anglais, elle sut, grâce au courage des Barégeois, renverser le joug de ses oppresseurs. Les anglais, toujours amateurs de courses et d'excursions s'en étaient emparés : ils en furent chassés par Auger Couffitte, à la tête des Barégeois.

Certaines coutumes existent encore, spéciales à la vallée.

Ainsi, le droit d'aînesse y brille dans toute sa beauté. Si, dans une famille, il existe plusieurs enfants, l'aîné, en général, est choisi comme héritier du quart des biens, plus de la part proportionnelle, à la charge par lui de régler la situation des autres héritiers.

Dans les *Coutumes de Barèges*, par un magistrat du parlement de Toulouse, on lit : « que les fous (taros ou pèpis) sont impropres à hériter, ainsi que les prêtres et tous gens impropres au mariage. Quand partout en France (et bientôt en Europe), le système métrique est de rigueur, on tolère ici (et cette coutume fait loi, nous ne savons pourquoi) la livre de 400 grammes pour le beurre et le poisson. Cette coutume, qui trompe les nombreux étrangers qui viennent ici et qui, croyant acheter 500 grammes de marchandise, n'en ont que 400, devrait être absolument prohibée par l'autorité, qui laisse faire avec une désinvolture incompréhensible. Cela constitue pourtant une véritable tromperie pour l'étranger, et qui devrait tomber sous le coup de la loi commune. »

L'occupation maure a laissé de nombreuses traces. La plupart des paysans ont le visage complètement rasé; la cape de bure ressemble au burnous arabe. Le harnachement des chevaux et mulets est le même qu'en Afrique. Les églises, les monuments ont beaucoup du style maure.

La vallée a une administration spéciale. Les 16 communes qui forment le canton de Luz, comme toutes les communes de France, s'administrent elles-mêmes, en ce qui les concerne. Mais toutes les montagnes, les paccages, les forêts, les eaux minérales étant indivis, c'est-à-dire communaux, chaque commune y a sa part de revenu. Chaque commune, pour veiller aux intérêts généraux de la vallée, nomme un syndic ou représentant. L'ensemble forme le syndicat de la vallée, petit Sénat qui a la haute main sur les affaires communes à la vallée de Luz.

D'autre part, aucune délimitation définitive n'ayant été établie pour marquer les frontières française et espagnole, certains paccages sont communs aux deux peuples. Les Espagnols paccagent sur le territoire français moyennant une redevance et vice-versâ.

Chaque année l'administration forestière fait procéder à des coupes dans les forêts. Les arbres à abattre sont désignés d'avance. Au jour fixé, les habitants de chaque commune sont prévenus par les soins du maire. Chacun peut y aller faire tomber une certaine quantité de bois, et le faire transporter chez lui, sous redevance. La vie du paysan y est fort pénible. Le sol est aride ; les prairies seules donnent d'assez bonnes récoltes, recueillies non sans peine, car il faut transporter dans les granges le fourrage à dos d'homme.

Sa principale nourriture est la farine de maïs et le laitage, ce qui ne l'empêche pas d'être robuste, fort et infatigable. Les lois de l'hygiène font complètement défaut dans ce pays : heureusement l'air vif et pur apporte le remède à côté du mal.

Il est surprenant qu'en ce siècle de progrès, le gouvernement n'ait pas eu l'idée d'installer dans nos parages un sanatorium pour les tuberculeux. La température douce de Luz, les eaux sédatives de Saint-Sauveur offrent toutes les conditions désirables.

L'empereur Napoléon III avait eu l'idée intelligente de faire conduire à Luz les eaux de Barèges et d'y installer l'hôpital militaire qui aurait pu rester ouvert toute l'année. Il s'est heurté à de mauvaises volontés locales, idées intéressées, au détriment de l'intérêt général. Ce projet bon et simple, comme tous ceux de ce genre, n'a pu aboutir.

Un projet de chemin de fer de Pierrefitte à Luz va recevoir prochainement son exécution, ce qui donnera à la vallée un grand développement, car pas un pèlerin de Lourdes n'hésitera, devant une petite dépense, à venir visiter ce beau pays, tandis qu'il recule devant les frais énormes que nécessite la location d'une voiture.

Outre les intérêts commerciaux, l'installation de cette voie ferrée permettra l'exploitation de nos riches gisements miniers, des richesses colossales que renferment nos montagnes, la manganèse, le fer, le cuivre, le plomb argentifère, le baryte, l'ardoise, les marbres blanc, noir, vert.

Plusieurs sociétés ont reculé devant les frais énormes de transport par voitures de Luz à Pierrefitte.

Le gisement de manganèse, du Bergonz surtout, qui émerge à fleur de terre et s'aligne sur une grande étendue, est considérable.

Le marbre s'y rencontre partout : les maisons, les hôtels, les établissements thermaux, les trottoirs et les simples murs de clôtures en sont construits.

L'eau abonde sur tous les points, formant une force motrice considérable et perdue inutilement. Elle pourrait alimenter des quantités d'usines, de papeteries, de minoteries, etc.

Une autre industrie à créer ici, et qui donnerait de grands bénéfices, serait celle du buis. Cet arbrisseau est fort commun et atteint de fortes tailles. Ses racines, dont on se sert comme bois de chauffage, sont énormes ; la tige est grosse et élevée. On pourrait l'avoir à des prix très modiques et fabriquer des cannes, des jeux d'échecs, de dames, des coquetiers, des couverts à salade et une quantité considérable de petits bibelots. Nous sommes convaincus qu'un tourneur-ébéniste qui aurait la bonne idée d'installer ici une usine de ce genre, mue par le moteur naturel : l'eau, ferait rapidement une grosse fortune : le prix de revient de la matière première étant presque nul.

L'industrie de la récolte des plantes médicinales peut aussi donner de très beaux bénéfices.

On y trouve en quantités énormes : la gentiane officinale, l'arnica montana, l'aconit napel, la sauge, le thym, le romarin, la valériane, la saponaire, etc., etc.

Depuis 1895, Luz possède une usine électrique, installée près d'Esquièze, au-dessous du château Sainte-Marie, qui fournit une éclatante lumière à Luz et à Saint-Sauveur.

Une seconde usine va être installée cette année à Barèges.

La vallée n'a plus rien à envier aux grandes villes.

La vie y est à meilleur compte que partout ailleurs; les hôtels offrent des prix défiant toute concurrence; les magasins sont admirablement approvisionnés; les maisons particulières et villas procurent aux familles le confort le plus complet à des prix abordables à toutes les bourses.

Les casinos de Barèges et de Saint-Sauveur prodiguent leurs distractions aux baigneurs et touristes et, pendant la saison thermale, des troupes de passage, telle que celle d'A. Achard, viennent y offrir leur meilleur répertoire.

Le peintre, le photographe, le touriste, le géologue, le botaniste, le minéralogiste, le chasseur y trouvent amplement à satisfaire leurs goûts.

Les personnes à qui le repos est nécessaire ont de frais ombrages, de petites promenades peu fatigantes et trouvent à Saint-Sauveur des eaux sédatives incomparables : les anémiques, outre l'air pur et vif, aident à leur rétablissement par l'usage, en boisson, des eaux ferrugineuses de Conques et de Saligos.

Les amateurs de fleurs peuvent faire d'amples moissons de plantes des montagnes.

Les enfants sont ravis de faire à ânes de belles chevauchées en la compagnie des ânières qui leur chantent les chansons patoises du pays.

C'est ici le cas de dire qu'il y en a pour tous les goûts. On ne se lasse jamais de ce pays, et qui l'a vu une fois désire toujours le revoir.

FIN

EXTRAIT DES TARIFS DU CLUB-ALPIN (Sud-Ouest)

RÉGION DE LUZ-St-SAUVEUR

COURSES ET ASCENSIONS

1re Catégorie

Courses		Guides.	Porteurs.	Chevaux.
1. Col de Riou.	Aller et retour dans la même journée.	6 fr.	5 fr.	7 fr.
2. Pic de Bergonz.		8	5	6
3. Pic de Viscos.		10	6	7
4. Pic de Néré.		12	7	8
5. Pic du Midi.		12	7	10
6. Cauterets par le col de Riou ou la vallée.		12	7	10
7. Pyméné.		15	8	10
8. Cirque de Troumouze, d'Estaubé, de Gavarnie.		15	8	10
9. Les Eaux-Bonnes. 10. Bagnères-de-Luchon. 11. Bagnères-de-Bigorre. 12. Pour l'Espagne.	Par jour	15	8	7

Les selles de dames se paient 0.50 par jour en sus. La nourriture des chevaux dans les villes, villages, hôtelleries, hors de leur résidence habituelle, est à la charge du voyageur, à raison de 1 fr. 25 par jour et par bête. L'attache, en route, est également à sa charge. Gèdre, 5 fr., Héas, Gavarnie, villages, 8 fr. pour montures.

ASCENSIONS

2me Catégorie

		Guides.	Porteurs.
13. Pic d'Ardiden (aller et retour en un jour).	PAR JOUR	15 fr.	8 fr.
14. Brèche de Rolland.		15	8
15. Refuge de Tuquerouy, lac glacé du Mont-Perdu.		15	8
16. Pic de Campbiel.		15	8
17. Pic de la Mûnia.		15	8
18. Marboré.		15	8
19. Mont-Perdu.		15	8
20. Néouvielle.		20	10
21. Pic Long.		20	10
22. Glaciers et Pic de Vignemale.		20	10

RÉGION DE BARÈGES

COURSES ET ASCENSIONS

1re Catégorie

	COURSES	Guides.	Porteurs.	Chevaux.	Anes.
1.	Luz-St-Sauveur	5 fr.	» fr.	5 fr.	3 fr.
2.	Pioula	5	4	5	3
3.	Col du Tourmalet	5	4	5	3
4.	Lac d'Escoubous	5	4	5	3
5.	Pic d'Ayré	6	4	6	3
6.	Sia	6	»	6	»
7.	Gèdre	8	»	8	»
8.	Lac de la Glaire	8	5	6	»
9.	Piquette ou Pics d'Ereslits	8	5	5	»
10.	Pic du Midi de Bigorre	10	6	7	5
11.	Lac Bleu	10	6	7	5

COURSES	Guides.	Porteurs.	Chevaux.	Anes.
12. Mont-Poulin	10	6	6	»
13. Pic de Néré.........	10	6	6	»
14. Pic de Madamette..................	10	6	6	»
15. Col d'Aubet ou des Pêcheurs	10	6	6	»
16. Pic de Bergonz...............	10	6	8	»
17. Pierrefitte, Argelès, St-Savin.......	10	»	10	»
18. Cauterets, Col de Riou (par jour)....	10	7	10	»
19. Bagnères-de-Bigorre (par jour)......	12	8	12	»
20. Gavarnie	12	»	12	»
21. Troumouse.................... ..	12	8	12	»
22. Gripp, par le Pic du Midi...........	15	8	12	»

N.-B. — On paie 1 fr. de plus pour une selle à fourche.

Le cheval du guide, ainsi que sa journée sont à la charge du voyageur.

La nourriture des animaux dans les villes, villages, hôtelleries, hors de leur résidence, est à ta charge du voyageur, à raison de 1 fr. 25 par jour et par bête; l'attache, en route. est aussi à sa charge.

2me Catégorie

COURSES	Guides.	Porteurs.
24. Lac d'Orédon (par jour)............	15 fr.	8 fr.
25. Néouvieille id.	20 fr.	10 fr.

RÉGION DE GÈDRE ET HÉAS

COURSES ET ASCENSIONS

1re Catégorie

COURSES	Guides.	Porteurs.	Chevaux.	Anes.
1. De Gèdre à Héas ou *vice-versâ.*				
1° Simple course..................	3 fr.	3 fr.	3 fr.	2 fr.
2° Aller et retour..................	5	4	4	3
2. De Gèdre à Gavarnie (village).				
1° Simple course..................	3	3	3	2
2° Aller et retour..................	5	4	4	3
3. De Gèdre au Cirque de Gavarnie.				
1° Simple course..................	5	4	5	3
2° Aller et retour..................	6	5	6	5
4. De Gèdre à Luz.				
1° Simple course..................	5	5	4	3
2° Aller et retour..................	6	6	6	5

COURSES	Guides.	Porteurs.	Chevaux.	Anes.
5. Coumélie	5 fr.	4 fr.	4 fr.	3 fr.
6. Pyméné	10	6	6	4
7. Cirque de Troumouse	3	3	3	2
8. Cirque d'Estaubé (Borne de Tuquerouye)	8	6	8	5
9. Vallée d'Estaubé, Brèche d'Allauz, retour par Vallée de Gavarnie et *vice-versâ*	12	7	10	6
10. Gèdre à Aragnouet, par Campbiel	12	8	10	6

ASCENSIONS

2me Catégorie

COURSES	Guides.	Porteurs.
11. Tuquerouye, refuge	12 fr.	8 fr.
12. Lac glacé du Mont-Perdu, point de vue du Cirque de Bielsa	15	8
13. Brèche de Rolland	10	6
14. Gèdre à Cauterets, par Chauchou (aller)	12	8
15. Pic d'Ardiden, par Gestrède	12	8
16. Gèdre au lac d'Orédon (aller)	15	8

COURSES	Guides.	Porteurs.
17. Mûnia	15 fr.	8 fr.
18. Pic Long ou Pic de Campbiel	15	8
19. Mont-Perdu, en 1 ou 2 jours	30	18
20. Vignemale, en 1 ou 2 jours	30	18

Pour toutes les courses au-delà de Héas, par rapport à Gèdre, ou *vice-versâ*, il convient d'ajouter au prix de la course le prix du trajet Gèdre-Héas, ou Héas-Gèdre.

Pour les courses non mentionnées sur ce tableau, dont le point de départ naturel est Gavarnie, voir le tarif de Gavarnie, auquel il convient d'ajouter le prix du trajet Gèdre-Gavarnie.

Pour celles dont le point de départ naturel est Luz-St-Sauveur, voir le tarif de Luz-St-Sauveur, auquel il convient d'ajouter le prix de trajet Gèdre-Luz.

La nourriture des animaux, hors de leur résidence, est à la charge du voyageur, à raison de 1 fr. 25 par jour et par bête. L'attache est également, en route, à sa charge.

RÉGION DE GAVARNIE

COURSES ET ASCENSIONS

1re Catégorie

COURSES	Guides.	Porteurs.	Chevaux.	Anes.
1. Thésy, Point de vue du Cirque et du Chaos....	3 fr.	» fr.	(1) 3 fr.	2 fr.
2. Le Cirque (Entrée)................	3	»	(1) 3	2
3. Le Cirque (pied de la Cascade et Pont de neige)	4	»	(2) 3	2
4. Vallée d'Ossoue............	5	»	6	4
5. Gèdre..................	5	»	4	3
6. Pic Mourgat.....	5	3	5	4
7. Pied du Vignemale............	7	6	6	4
8. Port de Boucharo............	8	6	7	5
9. Coumélie............	8	6	4	3

Le prix des courses nos 1 et 2 est calculé pour une durée de 3 heures aller et retour.

La course no 3, pour 4 heures aller et retour; passé cette limite, il sera perçu 0 fr. 50 pour les guides et 1 fr. par monture, jusqu'à concurrence du double du prix de la course, prix maximum.

Le prix des courses nos 4, 5, 6 est calculé pour une demi-journée environ, aller et retour.

Pour la nourriture des animaux, mêmes observations que ci-dessus.

On trouve à Gavarnie des chaises à porteurs.

(1) Conducteurs autres que les guides, 1 fr. 50.

(2) Conducteurs autres que les guides, 2 fr.

COURSES	Guides.	Porteurs.	Chevaux.	Anes.
10. Pic St-André	8 fr.	6 fr.	7 fr.	4 fr.
11. Lac des Espécières (retr par Pouyaspé ou vice-versâ)	8	6	7	4
12. Borne de Tuquerouye (Cirque d'Estaubé)	8	6	8	5
13. Boucharo (Espagne)	10	6	10	7
14. Pla d'Aube	10	6	10	4
15. Vallée d'Aspe	10	6	7	5
16. Cardal	10	6	8	6
17. Troumouse, Héas (par Coumélie ou la Vallée)	10	6	10	6
18. Pic Méné	10	6	6	4
19. Luz-St-Sauveur	10	6	10	6
20. Aiguilles de glaces du Gabiétou	10	6	7	5
21. Glacier du Vignemale (Morraines inférieures, Grotte, Belle-vue)	10	8	12	7
22. Vallée d'Estaubé, par Coumélie, retour par Allauz ou *vice-versâ*	12	7	10	6
23. Troumouse, Héas à l'aller ou au retour	12	8	12	7
24. Col des Oulettes de Vignemale	15	8	15	8
25. Vallée d'Arrassas, Colatuera (Espagne) — PAR JOUR	12	8	12	8
26. Torla (Espagne) — PAR JOUR	12	8	10	7
27. Panticosa (Espagne) — PAR JOUR	15	8	15	8
28. Cauterets, par les Oulettes ou la Vallée — PAR JOUR	15	8	15	8

ASCENSIONS

2e Catégorie

COURSES	Guides.	Porteurs.
29. Brèche de Rolland	10 fr.	6 fr.
30. Tuquerouye, refuge, vue du Mont-Perdu...... ..	12	8
31. Lac glacé du Mont-Perdu, point de vue du cirque de Bielsa, par Tuquerouye....................	15	8
32. Le Tallion..	15	8
33. Le Gabiétou	15	8
34. Le Casque...	15	8
35. La Tour	15	8
36. Le glacier et le col de la Cascade............	20	10
37. Le pic du Marboré................................	20	10
38. Le grand pic d'Astazou, par Tuquerouye ou les rochers blancs......................	20	10
39. Le pic Long	25	16
40. Le cylindre du Marboré	25	16
41. La Mùnia	30	18
42. Le Mont-Perdu	30	18
43. Le Grand Vignemale	30	18

N.-B. — Les courses nos 29 à 38 inclus s'entendent aller et retour dans la même journée ; les courses nos 39 à 43 s'entendent facultativement aller et retour en un jour ou deux jours.

Extrait du Règlement et Tarifs des Guides et Porteurs du Club Alpin Français (Section du Sud-Ouest).

TABLE DES MATIÈRES

Préface.......... 3
Luz-Saint-Sauveur.......... 5
Bains.......... 7
Solférino.......... 10
Maison de la Vieille.......... 11
Villenave. — Le Bergonz.......... 12
Saligos.......... 14
Vizos.......... 16
De Luz à Barèges.......... 18
Barèges et ses environs.......... 21
Excursions des environs de Barèges.......... 25
Col du Tourmalet.......... 28
Escoubous. Lac.......... 28
Vallée de Lienz et la Piquette.......... 29
Le pic de Capet et le Midaou.......... 31
Pic d'Ayrè.......... 31
Pic de Saint-Justin.......... 32
Héritage à Colas.......... 33
Sers.......... 33
Betpouey.......... 34
Le Néouvielle.......... 34
Promenade horizontale.......... 35
Lac Bleu.......... 37
Saint-Sauveur.......... 37
Etablissement thermal.......... 38
Promenades, le Parc, le Pont de Gontaud.......... 40
Pont Napoléon.......... 41
Hontalade.......... 43

Campus........ 44
Sazos. Grust. Col de Riou........ 45
Col de Riou........ 46
Pic de Viscos........ 47
L'Ardiden........ 47
De Saint-Sauveur à Gèdre........ 48
Héas. Le Chaos. Troumouze........ 50
Troumouze........ 56
Croix de Malte........ 57
De Héas à Gavarnie par le Coumélie........ 58
La Múnia, l'Aguila........ 58
Bielsa........ 59
Pic Long, Campbiel, Tuquerouy, Mont-Perdu, Vignemale, Vallée d'Estaubé, Port de Pinède, la Vallée d'Aure........ 59
Gavarnie........ 60
La Cascade........ 62
Le Cirque........ 62
Courses et Ascensions........ 64
Le Piméné........ 64
Brèche de Rolland........ 64
Le Tallion........ 64
Le Marboré........ 65
L'Astazou........ 65
Le Mont-Perdu........ 65
Le Gabietou........ 66
Le port de Gavarnie, Arrassas, Boucharro-Torlat (Espagne).. 66
Petit guide minéralogique de la vallée de Luz........ 70
Flore........ 72
Faune........ 73
Historique de la vallée de Luz........ 75
Extrait des Tarifs du Club Alpin (Sud-Ouest).
Région de Luz-Saint-Sauveur........ 83
Région de Barèges........ 85
Région de Gèdre et Héas........ 87
Région de Gavarnie........ 90

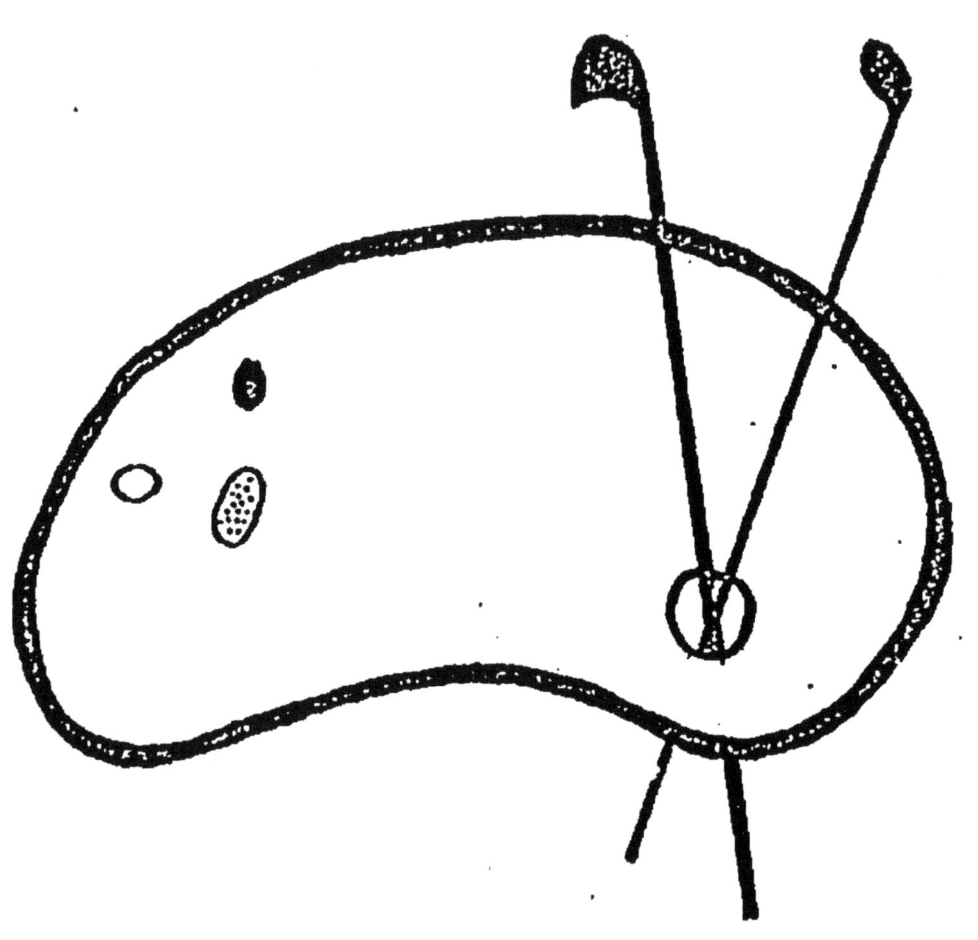

DEBUT D'UNE SERIE DE DOCUMENTS
EN COULEUR

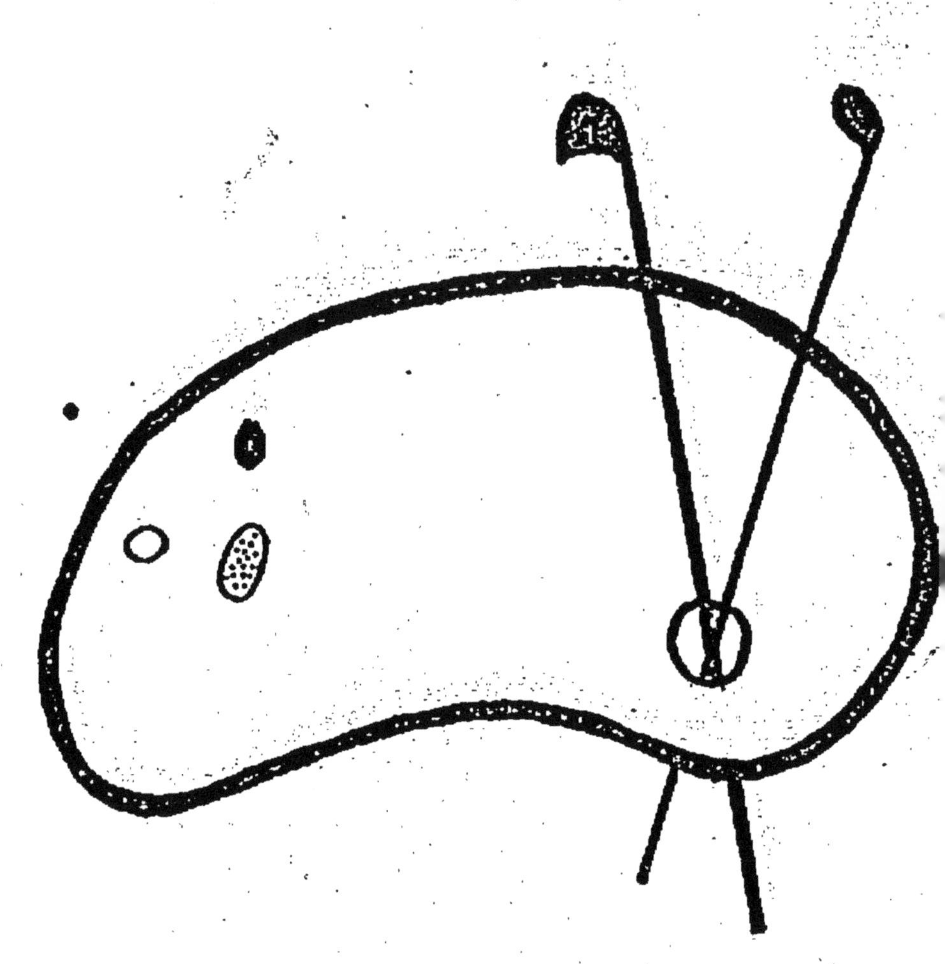

FIN D'UNE SERIE DE DOCUMENTS
EN COULEUR

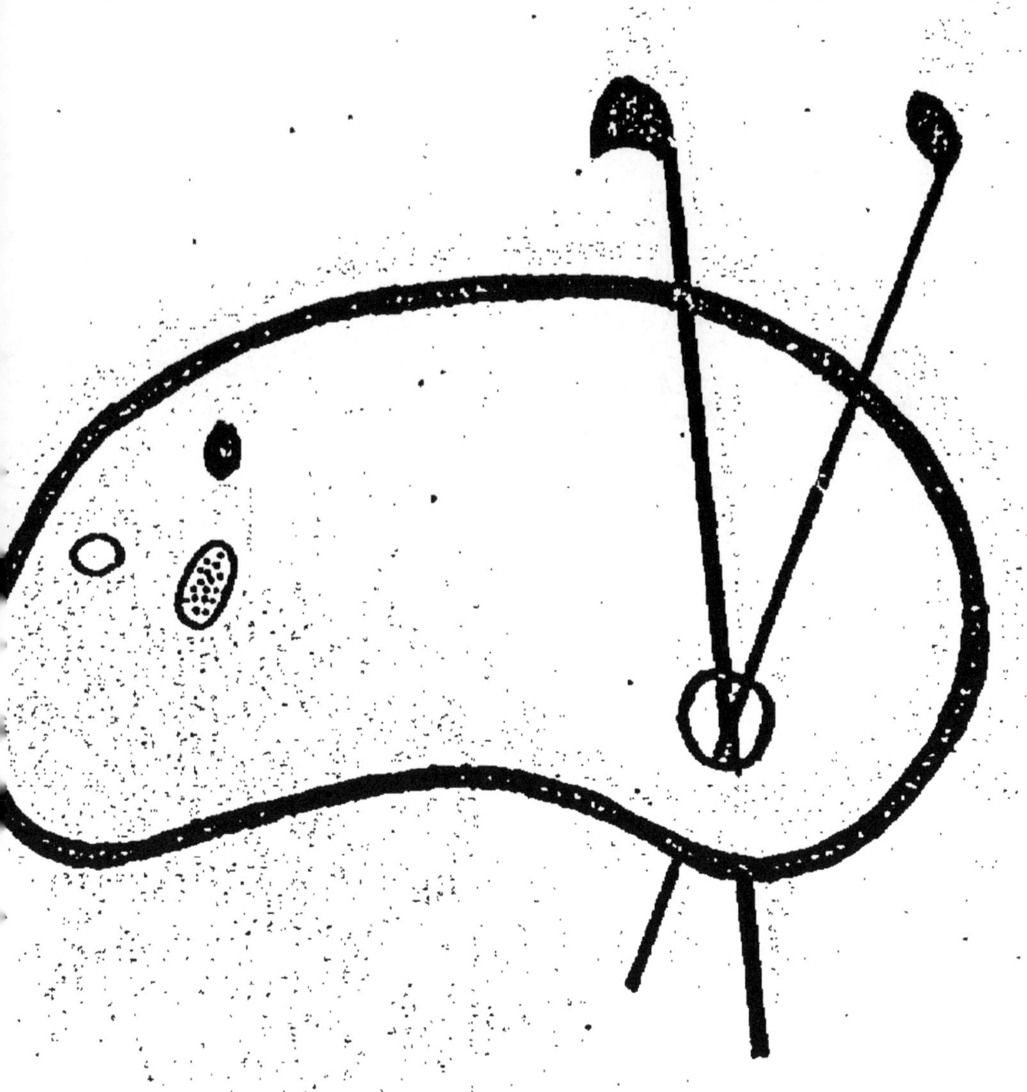

CANTON DE LUZ - S

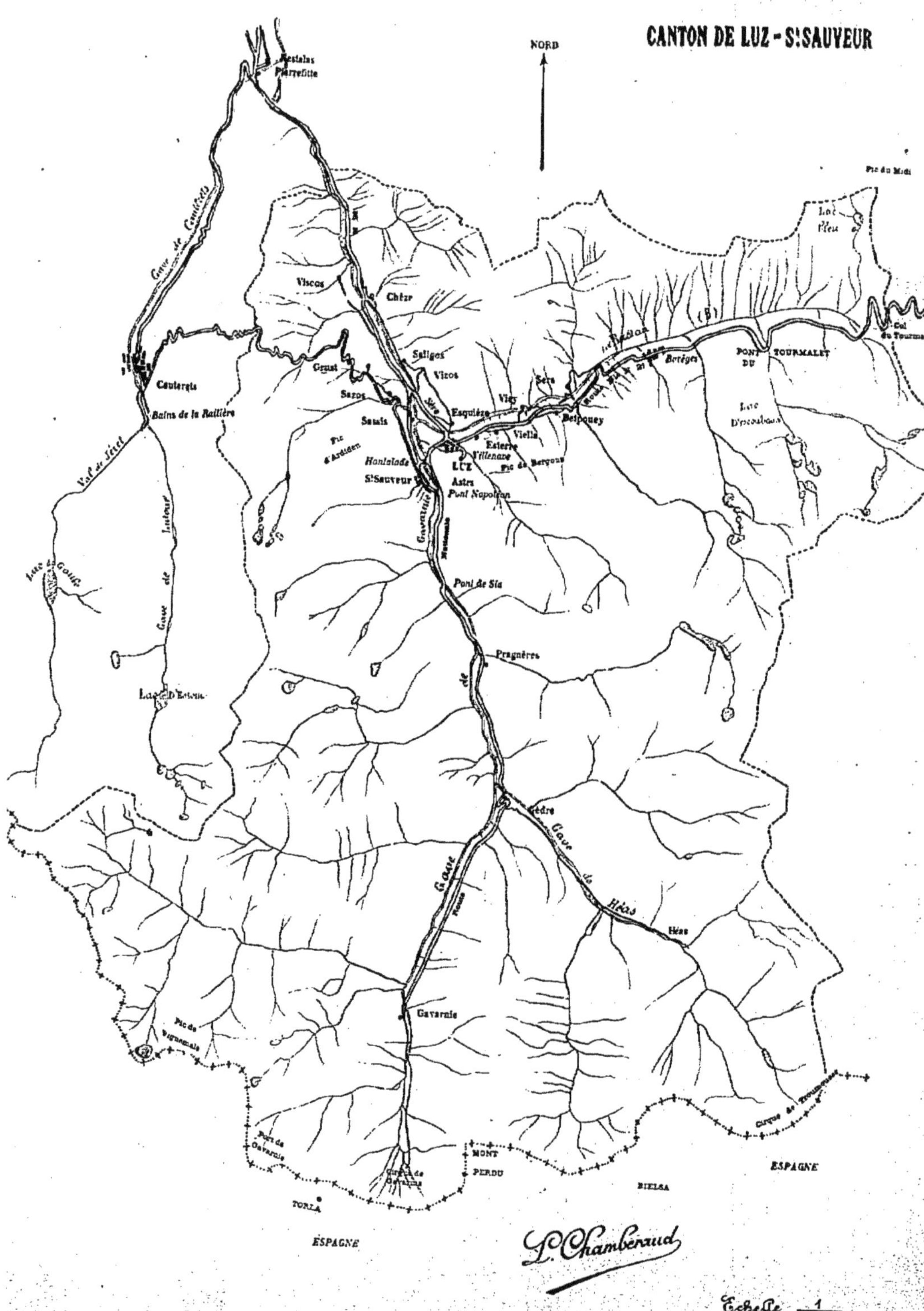

www.ingramcontent.com/pod-product-compliance
Ingram Content Group UK Ltd.
Pitfield, Milton Keynes, MK11 3LW, UK
UKHW022114190726
13855UKWH00002B/847